산만한 건 설탕을
먹어서 그래

LIGHTNING OFTEN STRIKES TWICE by Brian Clegg

산만한 건 설탕을 먹어서 그래

: 과학의 50가지 거짓말

브라이언 클레그 지음 박은진 옮김

드루

들어가는 말

수 천 년에 걸쳐 구전으로 내려온 속설에 대해 들어본 적 있는가. 그것은 여전히 우리가 살아가는 세계를 설명하려는 시도로 사용되고 있다. 예컨대 붉게 물든 저녁 하늘은 이튿날 아침 날씨가 맑을 것임을 암시한다. 마찬가지로 버드나무 껍질은 통증 감소에 효과가 있다고 전해져 오는데, 실제로 진통제 '아스피린'의 주성분인 '살리실'이 '살리실산'의 형태로 버드나무 껍질에 함유되어 있다고 밝혀졌다. 이렇듯, 경험을 통해 얻게 된 믿음은 오늘날의 과학적 토대를 만들었다.

물론, 이와 반대로 터무니없는 속설도 있다. 반박하는 과학적 증거가 차고 넘치는데도 사람들은 여전히 정설이라 믿는다. 이는 곧 속설이 가진 끈질긴 생명력이다. 그것뿐인가? 뜻이 서로 모순되는 속담도 있다. '백지장도 맞들면 낫다'와 '사공이 많으면 배가 산으로 간다'라는 속담을 생각해 보면 쉽다.

시간이 흐르면서 속설의 의미가 왜곡되거나 없어지기도 한다. 당시의 목적은 사라지고 '관습'으로만 남는 것이다. 이것을 설명하기 위한 좋은 예시가 있다. 바로 미국에서 열리는 연례 행사인 '그라운드호그 데이'다. 속설에 따르면 '그라운드호그'라는 동물이 매년 2월 2일에 자신의 땅굴 밖으로 나와서 하는 행동을 보면 다가올 6주간의 날씨를 점칠 수 있다고 한다. 그날, 날씨가 잔뜩

흐려서 그라운드호그가 자신의 그림자를 보지 못하고 계속 밖에 머물러 있으면 곧 봄이 올 것임을 암시한다. 하지만 햇볕이 내리쬐는 맑은 날이라면, 그라운드호그는 자신의 그림자를 보고 화들짝 놀라 다시 땅굴로 들어갈 것이다. 이는 앞으로 겨울 날씨가 6주 동안 더 지속되는 것을 의미한다.

우리는 이 책의 지면을 빌려 오해의 소지가 있거나 새빨간 거짓말인 50가지 속설을 하나하나 파헤칠 것이다. 번개는 같은 곳에 두 번 떨어지지 않는다는 첫 장의 제목이 시사하는 바를 생각해 보자. 한때 이 말이 워낙 널리 퍼지는 바람에 이제는 '반복될 것 같지 않은 사건을 가리키는 표현'으로 굳어졌다. 현대에 생겨난 속설은 왠지 '과학적 근거'가 있는 듯한 인상을 내비친다. 반대로 어떤 잘못된 속설은 민간 설화에서 비롯되기도 한다.

우리가 지금 '과학'이라고 부르는 학문이 고대에서 처음 시작될 당시에는 현상을 설명하고 이론을 펼치는 기준이 지금보다 느슨했다. 고대 철학자들은 자연을 치밀하게 조사하기보다 주로 논쟁을 벌이는 '과학적 진술'에 관심을 기울였다. 고대 철학자 아리스토텔레스는 여성이 남성보다 치아의 개수가 더 적다며 사실과 다른 주장을 펼쳐 불명예를 얻었다. 단순히 치아 개수를 세어 보기만 했어도 이 주장의 전제 자체가 틀렸다는 것을 알았을 테지만, 아리스토텔레스가 철학자로서 지닌 수 세기에 걸쳐 쌓은 권위는 그 주장이 사실로 여겨지도록 만들었다. 과학이 현상을 연구하는 학문으로 받아들여지기 전, 그 모든 시대의 생각이 전부 다 틀렸다는 것은 아니다. 다만, 우리는 사실과 다르다고 할지라도 오래전부터 구전으로 내려온 믿음을 여전히 신뢰한다. 미각과 촉각 사이에 어떤 연관성이 있을지도 모른다는 허술한 단서로 인간에게는 '시각 · 청각 · 미각 · 후각 · 촉각', 이렇게 다섯 가지 감각이 있다고 자신 있게 주장한 장본인이 바로 아리스토텔레스다. 이 주장은 한참 전에 사실이 아닌 것으로 밝혀졌으나, 여전히 학교에서는 이것을 가르친다.

'오해'는 우리 사이를 둘러싼 속설이 대중문화에 의해 널리 퍼질 때 몸집을 부풀린다. '설탕이 든 음식을 먹는 아이들은 과잉행동 상태가 된다'는 믿음을 예로 들어 보자. 이 속설은《심슨 가족》의 에피소드부터《모던 패밀리》에 이르기까지, 텔레비전 프로그램과 대중 매체에 잊을만 하면 등장한다. 생각해 보면 '에너지를 공급하는' 설탕이 아이들을 지나친 흥분 상태로 만든다는 말은 그럴듯하게 들린다. 이 말은 과학적 사실처럼 제시될 때가 많다. 설탕과 아이들의 과잉 행동 사이에는 아무런 연관이 없다는 연구가 진행되었지만, 이렇게 사이비 과학적 믿음이 문화 속에 자리를 잡으면 그 믿음은 좀처럼 흔들리지 않는다.

사실, 대부분의 그릇된 믿음은 '틀린 정보'가 퍼지는 것 외에는 피부에 와닿는 피해를 주지 않을 때가 더 많다. 공교롭게도 설탕은 실제로 아이들의 건강에 해를 끼치는 음식 재료가 아니던가. 그래서 과잉 행동을 억제하기 위해 설탕 소비를 줄인다는 논리가 타당하지 않더라도, 그 믿음이 큰 문제가 되지는 않는다. 다만,

모든 믿음이 다 무해한 것은 아니다. 어떤 믿음은 우리를 위험과 곤경에 빠뜨리기도 한다. 예컨대 담배를 피우는 것이 유익하다는 과거의 신념이나, MMR 백신이 자폐 스펙트럼 장애를 유발한다는 최근 주장이 이에 해당한다. 이 속설을 믿은 사람 중 일부는 회복될 수 없는 피해를 보기도 했다. 심지어 MMR 백신의 경우, 미접종 시 뇌 손상을 일으키거나 사망에 이르게 하는 '홍역' 발병률이 현저히 올라간다.

이 책에서는 이처럼 위험한 신념이 아니라 재미있고 유익한 내용만 쏙쏙 골라 50가지 질문을 구성했다. 사람들을 현혹했던 잘못된 상식을 바로 잡고, 놀라움과 즐거움을 선사하기 위해 이 책을 쓴다. 아마 과학을 깊이 이해할 수 있는 계기가 될 것이다. 그동안 우리가 사실이라고 믿은 것들을 뒤집고 반전의 묘미를 느낄 수 있는 기회는 덤이다. 지금부터 잘못된 믿음과 오해에 가려진 진실을 낱낱이 파헤쳐보자. 그 이면의 숨은 이야기에 생명을 불어넣는 작업은 모두에게 아주 흥미로운 일이 되리라 믿는다.

목차

번개는 같은 곳에 두 번 떨어지지 않는다

하늘에서 한 줄기 섬광이 떨어진다. 곧이어 쾅, 하고 굉음이 울려 퍼진다. 천둥과 번개가 내리친 것이다. 먼 과거의 사람들은 이 기상현상을 신의 영역이라 여겼다. 하지만 사실 번개는 작은 물방울이나 얼음 입자가 마찰하며 비구름 속에 전하가 축적되어 발생하는 현상이다. 얼음 입자들이 서로 부딪치면서 전기적 충돌이 일어나고, 그 과정에서 전하를 띤 원자가 떨어져 나가기 때문이다. 정확한 원리는 모르더라도 번개가 어마어마한 에너지원이라는 사실은 모두가 안다.

일반적으로 번개가 '번쩍'하면 1초 만에 중형 발전소 발전량에 맞먹는 에너지를 만들어낸다. 에너지가 방출될 때 그 속도는 발전량에 비해 훨씬 빠르며, 주변 기온은 무려 태양 표면의 네 배가 훌쩍 넘는 2만 도에서 3만 도까지 올라간다. 이때, 열에 의해 주변 공기가 팽창하는데 번개가 이 공기 분자를 관통하며 폭발을 일으킨다. '천둥'의 독특한 울림과 소리는 바로 이때 만들어진다.

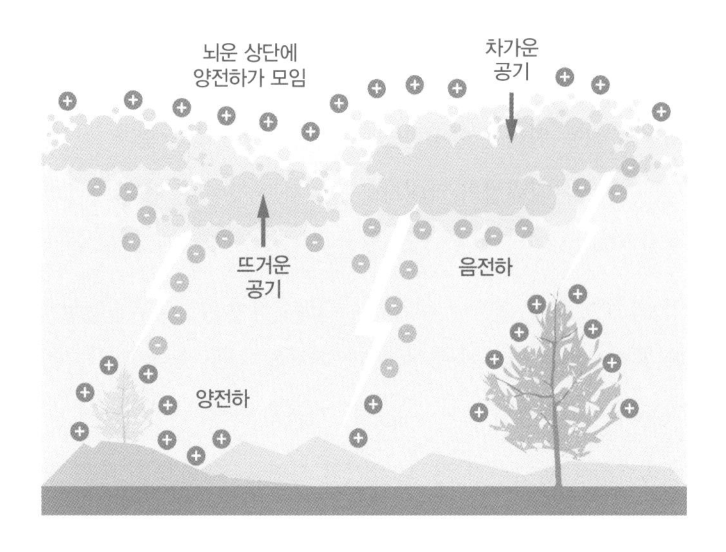

유독 천둥과 번개가 내리치지 않는 지역도 있다. 하지만 천둥과 번개가 그렇게까지 보기 드문 현상은 아니다. 당신이 이 글을 보는 순간에도 전 세계에 약 2천 번의 번개가 동시에 내리치고 있다. 또한, 평균적으로 하루 8백만 번 이상의 벼락이 땅으로 떨어져 내린다. 번개는 구름과 구름 사이에서만 이동하며, 절대로 땅에 떨어지지 않는다. 바꾸어 말하면 나무를 폭파하고, 불을 지르며 인간과 동물을 죽이는 것으로 알려진 '번개'는 사실 번개가 아니라 벼락이다. 벼락은 악명이 높고 엄청난 파괴력을 지녔다.

과거의 사람들은 벼락의 무서움을 깨닫고, 그 위험 요소를 줄이기 위해 다양한 시도를 했다. 그 결과, 오늘날 우리는 벼락을 대신 맞아 주는 '피뢰침'을 고층 건물에 설치할 수 있게 되었다. 벤자민 프랭클린 시대the days of Benjamin Franklin 이후, 피뢰침의 작동 원리를 설명하는 두 가지 이론이 등장한다. 첫 번째는 전압을 피뢰침의 막대기로 유도하는 것이다. 이는 하늘과 옥상 사이의 전압 차를 줄여 벼락의 발생 가능성 자체를 낮추는 방법이다. 두 번째로는 침에 맞은 전류를 땅속으로 안전하게 흘려보내는 방법이 있다. 다만, 피뢰침이 둘 중 어떤 원리로 작동하는지에 관한 결과와 증거는 정확히 밝혀진 바 없다.

피뢰침을 발명하기 전, 18세기의 사람들은 '번개는 같은 곳에 두 번 떨어지지 않는다'는 믿음을 가지고 있었다. 그래서 벼락을 피할 방법의 하나로 뇌석雷石이라는 미덥지 못한 선택지를 골랐다. 이처럼 중세에는 이미 벼락을 맞았다고 짐작되는 돌을 구해 벼락 예방책으로 사용했다. 예컨대, 번개가 칠 때 이 돌을 초가지붕의 굴뚝 위처럼 벼락이 쳐서 불이 붙기 쉬운 장소에 올려 둔다. 뇌석은 석기 시대의 도끼 형태와 닮은 구석이 많았는데, 사람들은 돌이 벼락을 맞는 바람에 그런 모양을 띠게 되었다고 추정했다. 번개는 같은 장소로 돌아오는 것을 꺼리는 성질이 있으므로, 그곳에 벼락 맞은 돌멩이 하나를 갖다 두면 화를 면할 수 있다고 여긴 것이다.

'번개는 같은 곳에 두 번 떨어지지 않는다'는 말의 유래는 정확히 밝혀지지 않았다. 다만, 19세기로 거슬러 올라가면 그 흔적을 어렴풋이 찾아볼 수 있다. 1851년, 오스트레일리아의 신문에 이 속담이 등장한다. 뒤이어 1860년, 미국의 소설가인 피터 마이어스P. Hamilton Myers가 쓴 『국경 지대 죄수의 짜릿한 모험Thrilling Adventures of the Prisoner of the Border』에서 이 말의 의미가 더욱 생생하게 묘사된다. 이 소설의 주인공들은 날아오는 포탄을 아슬아슬하게 피해 가까스로 목숨을 건진다. 이때, 등장인물 하나가 다른 이에게 말한다.

> "두려워할 것 없네, 브롬. 목숨을 부지하고 싶다면 여기 앉아 있게나. 번개란 결코 같은 위치에 두 번 떨어지지 않는 법이거든. 포탄도 예외는 아닐 테지."

사실, '두 번 떨어지지 않는다'는 속설은 아무런 근거도 없는 말이다. 그러니 이 말은 번개나 벼락 그 자체에 대한 말이 아니라, 어떤 일이 거듭해서 일어날 가능성이 낮다는 뜻의 은유적 표현이다. 무작위로 흐르는 전류가 무슨 수로 이전에 떨어진 곳을 기억해 피할 수 있겠는가? 제우스나 토르에게 목표물의 위치를 추적하게 하지 않는 한, 그 방어책은 벼락을 피할 믿을 만한 수단이 아니다.

실제로 벼락에 취약한 장소는 놀라울 만큼 규칙적으로 영향을 받는다. 엠파이어 스테이트 빌딩은 단 한 번의 폭풍우에도 벼락을 무려 열다섯 번이나 맞았고, 해마다 벼락이 스물다섯 번 정도 정기적으로 떨어진다. 말이 안 되기는 마찬가지나, 벼락에 취약한 사람도 있다. 미국 한 공원의 경비원으로 일하는

로이 설리번Roy Sullivan은 벼락을 총 일곱 번이나 맞아 세상에서 벼락을 가장 많이 맞은 사람으로 기네스북에 오르기도 했다. 그리고 그는 벼락을 맞고도 매번 살아남았다.

인간에게는 '오감'이 있다

이 책의 서문에 언급했듯 학교는 여전히 우리에게 '인간의 오감'에 대해 가르친다. 여기서 오감이란 시각 · 청각 · 미각 · 후각 · 촉각을 의미한다. 실제로 우리에게 얼마나 많은 감각이 있는지 뚜렷하게 밝혀진 바는 없다. 감각을 무 자르듯 명확하게 구분하기는 어렵겠지만, 어쨌든 우리가 가진 감각의 개수는 확실히 다섯 개보다 많다.

인간에게 오감이 있다는 이 익숙한 개념은 고대에 처음으로 확립되었다. 고대 그리스의 철학자 아리스토텔레스Aristoteles는 미각과 촉각, 둘 다 접촉이 필요한 감각인데도 이 둘을 분리해야 할지 확신이 서지 않은 상태로 우리에게 그 유명한 다섯 가지의 감각을 알려주었다. 사실 네 가지든, 다섯 가지든 그건 중요한 게 아니었다. 아리스토텔레스는 지상의 물질이 흙, 물, 불, 공기로 구성된다는 가설에 동의했고, 여기에 천상을 이루는 물질인 제5원소를 추가했다. 그러니 4나 5라는 숫자는 자신이 주장한 '원소설'에 잘 들어맞는 숫자였다. 그는 자신의 이론을 경험과 논쟁의 근거로 삼았다.

그가 주장한 '오감'은 누가 봐도 가장 분명한 감각이기는 하다. 그러나 그가 어떻게 오감 외에 다른 감각 하나를 놓치고 말았는지 의문이다.

열로 인해 벌겋게 달궈진 것은 아니나, 온도 자체는 뜨거운 물체를 떠올려 보자. 예컨대 다리미 밑판 같은 것을 말이다. 여기에 손을 가까이 가져다 대면 만지지 않아도 뜨겁다는 것을 안다. 뜨거운 물체에 손이 닿으면 화상을 입을 가능성이 있으므로, 우리는 온도가 높을 것이라 예상되는 물건을 직접 만지지 않는다. 손을 가까이 가져다 대어 온도를 확인한다. 이것은 인간의 타고난 방어 능력이다. 그렇다면 우리는 복사열을 감지할 때 어떤 감각을 사용할까? 시각은 확실히 아니다. 어떤 물체는 눈에 보이는 빛을 내기 훨씬 이전에 열이 감지될 만큼 뜨거워지기도 한다. 열은 듣지도, 맡지도, 맛보지도 못한다. 단, 인간의 여섯 번째 감각인 온도감각thermoreception으로는 열을 감지할 수 있다.

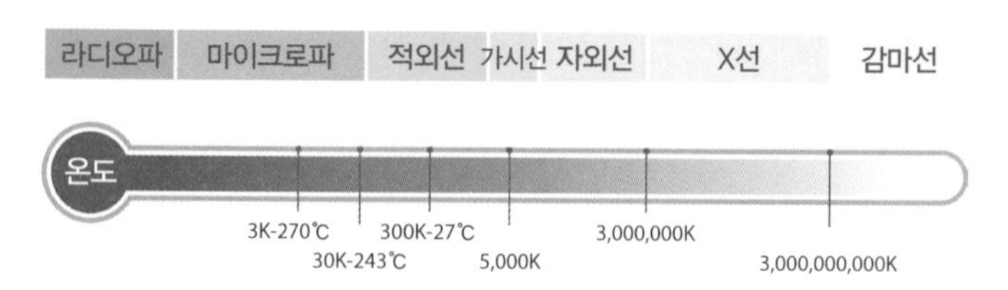

빛과 '색상'의 해당 온도

이 감각의 작용 방식을 알려면 한 걸음 물러나서 '열이 무엇인가?'를 먼저 생각해야 한다. 여기서 말하는 열이란 '복사열'을 의미하는 것으로, 빛의 한 형태다. 우리는 빛이 눈에 보이는 현상이라고 생각하지만 사실은 그렇지 않다. 전자기 스펙트럼은 에너지가 아주 낮은 라디오파에서 X선과 감마선에 이르기까지 그야말로 넓고 다양하다. 우리 눈에 보이는 것은 그중 아주 작은 일부 영역에 지나지 않는다. '적외선'은 에너지가 너무 낮아 눈으로 보기 힘든 광자다. 비록 맨눈으로 적외선을 볼 수 없지만 열에 의해 피부로 감지할 수 있다. 감지 범위가 한정적이고 초점이 분명하지 않아 정교하지는 않지만, 이를 분명히 구분할 수 있는 기능이 우리 몸에 존재한다. 이는 온도 수용기가 있는 특수 뉴런 덕분인데 인간은 열과 추위를 감지하기 위해 피부에 이러한 감각 신경을 지니게 되었다.

다른 감각이 존재한다는 것을 보여주는 또 다른 상황을 떠올려 보자. 당신이 눈을 감고 빙글빙글 돌다가 아래로 툭 떨어지고, 속도가 빨라졌다 느려졌다 하는 놀이기구를 타고 있다고 치자. 보이지도 않는데 이런 일이 일어나고 있다는 걸 어떻게 느끼는 걸까? 이는 촉각과 관련이 있다. 놀이기구가 흔들려 몸이 좌석이나 안전장치의 이곳저곳으로 쏠릴 것이기 때문이다. 물론 이러한 움직임이 없다고 해도 당신의 몸은 놀이기구의 속도가 점점 빨라지고 있음을 안다. 우리 머릿속에는 움직이는 물체의 가속도를 재는 감각이 있으며, 몸이 평행을 유지하도록 주변에서 무슨 일이 일어나고 있는지를 추적하기 때문이다. 이것은 전통적으로 알려진 '오감'이 하는 일은 아니다.

또 다른 예는 고유감각proprioception이다. 지금 당장 테스트해 볼 수 있다. 눈을 감고 자신의 코를 만져 보자. 코가 어디에 있는지 보지 않고도 코를 만질 수 있다. 그런데 어떤 감각을 이용해서 코의 위치를 알아냈을까? 아마 오감에 해당하는 감각은 아니었을 것이다. 고유감각은 신체 각 부위의 위치를 아는 것으로, 우리를 둘러싼 세계와 상호작용하는 데 없어서는 안 될 감각이다.

통각은 또 어떨까. 때로는 통각이 촉각의 연장선에 있는 것만 같다. 촉각은 피부에 가해지는 압력을 느끼게 하는데, 압력이 너무 강할 때 통증이 되기 때문이다. 그렇다면 두통은 어떻게 설명할 수 있을까? 확실히 촉각과 관련이 있는 반응은 아니며 신경이 자극되는 완전히 다른 종류의 감각이다.

우리에게는 이것 외에도 더 많은 감각 능력이 있다. 미묘한 감각이 집합체를 이룬 것이 바로 우리의 몸이라 해도 과언이 아니다. 일반적으로 총 감각의 수를 스무 개에서 서른세 개 남짓으로 추정한다. 하지만 심리학자 '마이클 코헨'은 우리 몸에 무려 쉰세 개의 감각이 있다고 주장했다. 다만, 코헨의 주장은 코에 걸면 코걸이 귀에 걸면 귀걸이 식의 설명에 가깝다. 이를테면 공기가 피부에 닿는 감각을 촉각과 다르다고 보는 것이다.

인간의 능력을 훨씬 뛰어넘는 감각을 지닌 동물도 있다. 상어는 생명체가 방출하는 전기장을 감지할 수 있고, 비둘기는 지구 자기장을 이용해 길을 찾는다. 박쥐는 스스로 낸 소리가 물체에 반사되어 돌아오는 소리 정보로 위치를 파악한다. 이와 같은 '반향정위echolocation'는 소리를 이용한 음향 탐지 능력이기는 하나, 청각과는 사뭇 다른 원리로 작동된다. 오히려 청각보다는 시각에 가까운 감각 능력이라고 하는 것이 더 알맞은 표현일 것이다.

북극성은 밤하늘에서 가장 밝은 별이다

'폴라리스'라는 이름으로 잘 알려진 북극성은 북반구의 밤하늘에서 특별한 위치에 자리 잡고 있다. 마치, 하늘에 떠 있는 모든 별이 북극성을 중심으로 도는 것처럼 보인다. 물론 별이 움직이는 이유는 지구의 자전에 의한 것이므로, 여기서는 '~처럼 보인다' 정도로 서술하겠다. 나침반이 없을 때 북극성은 방향을 알려주는 귀중한 길잡이다. 그 존재는 실용적이면서도 천문학적으로 중요하게 여겨졌고, 이로 인해 유독 밝다는 평판을 얻었다. 실제로 북극성은 맨눈으로 볼 수 있는 별 가운데 열 번째도 안 된다. 또한, 지구에서 가장 가까운 별인 태양을 포함하면 마흔아홉 번째로 밝은 별이다.

역사적으로 천문학에서 말하는 '밤하늘의 별'은 '떠돌이별'이라 부르는 행성을 포함한 개념이었다. 하지만 행성은 태양광을 받아 빛을 내는 천체로, 태양계에서 비교적 그 규모가 작다. 이와 반대로 태양은 그 자체가 별이다. 태양이 뿜어내는 에너지는 엄청난데, 우리는 태양과 충분히 가까운 거리에 있어 그 강력한 에너지를 체감할 수 있다. 그 주변의 어느 것을 기준 삼아 보더라도 태양은 규모가 아주 크다. 태양계를 구성하는 물질의 99퍼센트 이상이 태양에서 발견되기 때문이다. 그렇다면 별이란 핵반응을 일으켜 생성한 에너지로 빛을 내는 천체라고 할 수 있다.

그러니 '가장 밝은 별'이라는 말이 의미하는 바에 주의해야 한다. '가장 밝다'를 정의할 필요는 없지만, 문제는 모든 별이 같은 거리에 있지 않다는 점이다. 아주 당연하게도 빛을 내는 물체는 우리에게서 멀어질수록 점점 더 희미해 보인다. 밝기는 거리의 제곱만큼 약해진다. 따라서 별은 저마다 밝기, 또는 천문학자들이 말하는 '광도'에 따른 값이 한 개가 아니라 두 개다. '겉보기 밝기'와 실제 밝기를 의미하는 '절대 밝기'가 그것이다. 겉보기 밝기는 별이 밤하늘에 떠올라 얼마나 강렬한 빛을 내는지를 의미한다. 절대 밝기는 별이 모두 같은 거리만큼 떨어져 있다고 가정할 때 다른 별과 비교해 얼마나 밝은지를 말하며 그 기준 거리는 10파섹이다. 이는 빛의 속도로 32.6년을 달려야 도달할 수 있는 거리로, 약 300조 킬로미터에 달한다.

현대적 의미에서 달과 행성을 별이 아닌 것으로 분류한다면, 밤하늘에서 가장 밝은 별은 이른바 개별Dog star로 알려진 시리우스다. 큰개자리Canis Major, the greater dog를 구성하는 별 가운데 하나인데, 단연 눈에 띄게 밝아 붙은 이름이다. 시리우스가 그토록 밝은 이유 가운데 하나는 지구에서 고작 8.6광년 떨어져 비교적 가까운 곳에 있기 때문이다. 반면에 북극성은 433광년이나 떨어진 곳에 있다. 그래서 절대 밝기로 보면 북극성이 시리우스보다 백 배는 더 밝지만, 거리 차이로 인해 희미해 보이는 것이다. 북극성은 우리 눈에 하나의 별로 보이나, 실제로는 세 개의 별이다. 별 하나가 나머지 둘보다 압도적으로 밝게 빛난다. 이렇게 황색 초거성yellow supergiant인 북극성은 작은곰자리Ursa Minor, the lesser bear를 구성하는 별 가운데 하나이며, 나흘을 주기로 밝기가 변하는 변광성이다.

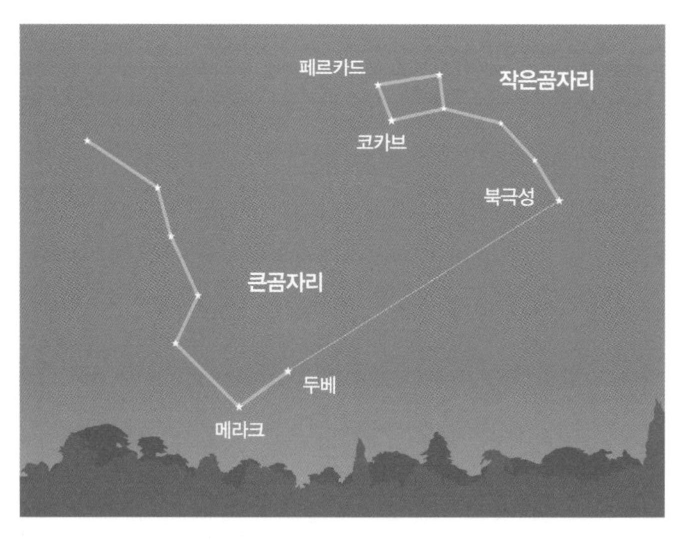

큰곰자리의 꼬리 부분에 있는 북두칠성은 작은곰자리의 북극성을 가리키고 있음

현재 북극성은 천구의 북극에서 가장 가까운 밝은 별이다. 하지만 밤하늘의 별이 영원히 폴라리스를 중심으로 도는 건 아

니다. 앞서 말한 것처럼 지구가 자전하기 때문에 별이 움직이는 것처럼 보이고, 지구의 자전축은 차츰 방향을 바꾸고 있다. 자전축의 방향은 약 2만 6천 년을 주기로 원을 그리며 변한다. 이를 '춘분점의 세차운동'이라고 부르는데, 한때는 춘분점의 이동precession of the equinoxes이라는 문학적 표현으로 알려졌던 현상이다. 그 기간에는 열네 개 정도의 또 다른 별들이 북극성의 자리를 대신할 테지만, 앞으로 천 년 동안은 북쪽 방위를 찾는 최고의 길잡이가 되어줄 것이다.

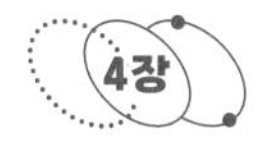

목욕할 때 손끝에 주름이 생기는 이유는 물이 스며들어서다

목욕할 때마다 손끝과 발끝의 피부는 탄력을 잃어 쭈글쭈글해진다. 이 현상을 두고 어떤 사람들은 피부가 물을 흡수해 불어난 것이라 말한다. 하지만 우리 몸의 모든 피부처럼 손과 발을 감싼 피부도 물이 통과하는 것을 막는 '방수 기능'이 있다. 피부의 이러한 기능은 오래전부터 익히 알려진 사실이다. 하지만 정확히 어떤 원리로 방수 역할을 하는지는 2012년에 들어서야 밝혀졌다. 그건 바로 '지질'이라는 지방 물질 때문인데, 지질의 구성 성분 가운데 가장 잘 알려진 것을 꼽자면 '콜레스테롤', '지방산', '세라마이드' 등이 있다.

지질 분자의 구조는 긴 사슬 모양이다. 지질의 사슬은 물을 좋아해 끌어당기는 친수성 머리, 그리고 물을 싫어해 밀어내는 소수성 꼬리 두 개로 이루어져 있다. 소수성의 두 꼬리는 같은 방향을 향해 뻗어 있는데, 꼬리 중 하나가 살짝 구부러져 전체적으로 실핀의 형태를 하고 있다. 이러한 모양은 다가오는 물 분자를 두 방향에서 빈틈없이 막아내기에 적합하다. 피부는 이러한 원리로 방수가 되는 것이다.

그렇다면 왜 손과 발만 쭈글쭈글해지는 걸까? 다른 부위는 아무런 변화도 없는데 말이다. 피부 전체가 쭈글쭈글해지지 않는 것을 다행이라고 여겨야 할까. 사실 이 현상은 피부 방수 여부와는 아무 상관이 없다. 그 비밀을 풀 열쇠는 바로 '신경계 반사'에 있는데, 우리 피부는 물에 닿는 순간 자연스레 신경계가 반응하기 때문이다. 실제로 신경 손상이 있는 경우에는 주름이 생기지 않기도 한다. 그러니 이는 손과 발이 쭈글쭈글해지는 것 자체가 신체의 능동적인 반응, 즉 '반사'임을 증명한다.

그렇다면 우리의 신경계는 왜 이러한 반응을 보일까? 물에 젖은 상황에서는 물체의 표면이 미끄럽기 때문이라는 것이 가장 그럴듯한 의견이다. 손과 발은 물에 젖었을 때 물체를 더 잘 잡게 하는 신경계 반사 반응을 겪는 것이다. 단적인 예로 자동차 타이어의 무늬가 있다. 마른 노면에서는 '포뮬러 원' 같은 자동차 경주 대회에서 사용하는 표면이 매끈한 타이어가 가장 좋다. 그러면 노면에 닿는 고무의 접촉면을 최대한으로 넓혀 접지력이 극대화된다. 하지만 일반 자동차의 타이어에는 표면이 움푹 들어간 '트레드'가 있어 도로에 닿는 고무의 면적을 줄인다.

이렇게 접촉면을 줄이는 이유는 물기가 있는 위험한 환경에서 제동력을 높이기 위함이다. 물은 타이어와 노면 사이를 미끄럽게 만드는데, 이때 타이어 표면에 '트레드'를 만들어 주면 물이 홈을 따라 빠져나가 접지력을 높인다. 같은 맥락에서, 이 트레드는 빙판길 위를 달릴 때는 효과가 없다. 표면적을 줄이기는 했으나 꽁꽁 언 물까지 들러붙지 않게 하는 이점은 없기 때문이다. 손과 발도 트레드의 원리와 같다. 물건의 표면과 접촉하는 부위에 주름을 만들어서 미끄러지지 않도록 해 준다.

이러한 설명은 실험 참가자들에게 다양한 물건을 집게 하는 실험에서 증명되었다. 이때 상황은 물체와 손이 모두 젖거나 마른 상태, 두 가지였다. 대표적인 물체는 유리구슬이었다. 물에 젖어 주름진 손은 물에 젖은 구슬도 잘 집었지만, 마른 손으로는 젖은 구슬을 잘 집지 못했다. 또 다른 실험에서 연구 결과가 똑같이 재현되지 않아 이 가설에 의문이 제기되기도 했지만, 여전히 가장 신빙성 있는 이론으로 남아있다.

따라서 손가락의 주름은 물속에서 물체를 잡는 데 도움을 주기 위함이며, 발가락의 주름은 물기가 있는 상태에서 맨발로 걸을 때 미끄러지지 않도록 하기 위함이다. 이는 둘 다 타이어의 트레드와 같은 역할을 한다.

모든 물은 전기가 잘 통한다

제임스 본드James Bond의 팬이라면 《007 골드핑거》의 오프닝 시퀀스를 기억할 것이다. 영국 비밀정보국의 첩보원 역할을 맡은 숀 코네리Sean Connery가 욕조에 전기 히터를 던져 자신을 해치려던 남자를 죽이는 장면이다. 전기와 욕조 물이 섞이면 치명적인 결과를 초래할 수 있다는 것은 누구나 다 아는 사실이다. 하지만 놀랍게도 순수한 물은 전기가 통하지 않는다.

보통 전기의 속성에 대해 말할 때 '전기가 흐른다'고 표현한다. 전기가 흐른다니, 가만히 들어보면 마치 물의 속성을 이야기하는 것만 같다. 실제로 전기와 관련된 어떤 용어들은 물에 대해 말하듯 전기를 설명한다. '전류'라는 용어가 대표적이다. 전기를 공급하는 전기 시스템과 물이 흐르는 배관 시스템에는 분명한 차이가 있겠으나, '전류'는 전선을 통해 전하가 흐르는 현상을 의미한다. 물이 흐르는 배관 시스템과 다른 점이 있다면 플러그 없이는 소켓에서 전기가 흘러나오지 않는다는 것 정도다. 이처럼 우리는 전기와 물이라는 너무 다른 두 자원 앞에서 비슷한 태도를 보인다.

전기가 전선을 통과할 때 '전하'를 띤 입자를 '전자'라 부른다. 전자는 원자 속에 있는 무한히 작은 입자이며 그 형태는 구름 모양으로 이루어져 있다. 전기가 잘 통하는 '전도체'의 일종인 금속은 전자가 원자와 느슨하게 결합해 있는데, 이때 '전위차전압'를 걸면 전자가 밀려나기 시작한다. 전자는 이러한 운동 에너지로 금속의 격자 구조를 통과하면서 전류를 만들어낸다.

만약, 어떤 물질에 느슨하게 결합한 전자가 존재하지 않는다면 그 물질은 전기가 통하지 않는 '절연체'다. 안정적인 원자에서 전자를 떼어낼 만큼 전압이 엄청나게 높지 않은 한, 절연체에는 전류가 흐르지 않는다. 예컨대 공기의 기체는 절연체에 해당한다. 평상시의 대기에는 전류가 흐르지 않지만, 전압이 센티미터당 3만 볼트 이상 높아지면 일부 전자들이 원자에서 떨어져 나와 절연이 파괴되고 강한 스파크가 튄다.

물은 공기보다 더 좋은 절연체다. 저항을 줄이려면 센티미터당 약 70만 볼트라는 엄청난 전압이 필요하다. 하지만 다양한 동물이 물속에서 전류를 사용한다는 것은 익히 알려진 사실이다. 예컨대 상어는 미세한 전기까지 감지할 수 있는 기관을 가지고 있어서 다른 생명체의 몸에서 나오는 전기화학적 신호까지 감지한다. 또 어떤 물고기는 신호를 보내거나 위협으로부터 보호하기 위해 전기를 발생시킨다. 전기 물고기는 전압을 최대 800볼트까지 일으킬 수 있지만, 물의 절연이 파괴되는 70만 볼트에 한참 못 미친다. 그렇다면 우리는 왜 전기 히터를 물에 던진 제임스 본드처럼 물이 전도체라고 생각하는 걸까?

그 해답을 찾기 위해서는 절연체인 물에 왜 전기가 통하는지를 먼저 알아야 한다. 그 이유는 바로 그것이 순수한 물이 아니기 때문이다. 우리가 일상에서 사용하는 '물'이라는 용어는 순수한 물과 불순물이 있는 물 모두를 의미한다. 하지만 누구나 알다시피 바닷물은 순수한 물이 아니며, 민물 역시 화학물질이 비교적 소량으로 녹아 있다. 특히 염화물과 불소 같은 소금 성분이 많이 들어 있는데, 증류수처럼 순수한 물로 특수 처리를 해야만 절연체 역할을 하는 것이다.

그렇다면 바닷물에 전기가 통하는 이유는 물에 '소금', 즉 '염화나트륨'이 녹아있기 때문일까? 예상과 달리 이는 오답이다. 오히려 바닷물이 가진 전기 전도성의 비밀은 바닷물에 염화나트륨이 없다는 데 있다. 소금을 생산하기 위해 바닷물을 염전에서 증발시키는데, 이때 염화나트륨이 생기는 것이지 원래 바닷물에 함유된 물질은 아니다.

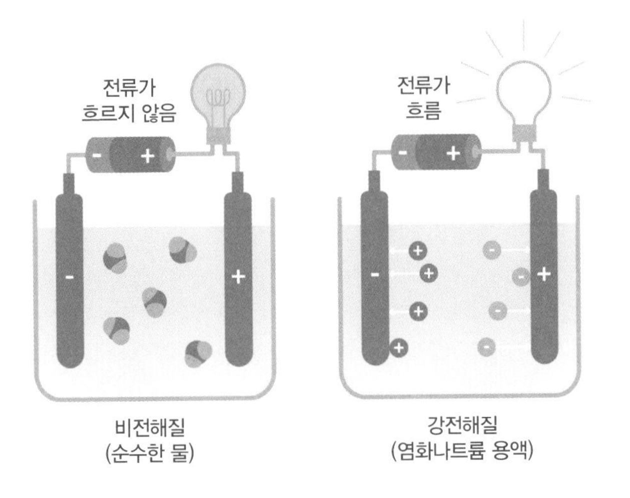

소금은 이온화합물이다. 그러니까 '원자'가 아니라 이온으로 이루어져 있다는 의미다. 이온은 전자를 얻거나 잃은 원자다. 주기율표의 왼쪽 첫 번째 열, 나트륨을 포함한 1족 원소들은 전자가 하나밖에 없어 전자를 잃기 쉽다. 원자의 겉을 싸고 있는 '껍질'에 전자가 가득할 때는 원자가 아주 안정적이다. 반면, 전자 수가 하나인 원자는 오히려 전자를 잃었을 때 안정적인 상태가 된다. 그 결과 나트륨은 전자를 잃고, 양전하를 띤 나트륨 이온이 된다. 마찬가지로 주기율표의 오른쪽 두 번째 열, 17족 원소들은 전자로 껍질을 꽉 채우기 위해 전자를 하나만 얻으면 된다. 이에 따라 음전하를 띤 염소 이온이 되기 쉽다.

소금 결정을 얻기 위해서는 바로 양전하와 음전하 사이에 있는 '인력'에 이끌려 이온이 서로 결합해야 한다. 하지만 물 용매는 이러한 이온 결합을 쉽게 분리한다. 염화나트륨이 물에 용해되면 양전하를 띤 나트륨 이온과 음전하를 띤 염소 이온으로 분리되어 물속을 떠다닌다. 우리가 물이라고 부르는 것은 흔히 불순물이 있는 물이다. 바닷물과 수돗물이 좋은 전도체인 것은 바로 이러한 이온이 전하를 띠기 때문이다.

인간의 뇌는 유난히 크다

1950년대, 공상과학 영화에 등장하는 외계인과 미래 인류의 머리는 대부분 크고 불룩한 모습으로 모습으로 묘사된다. 뇌가 너무 거대해서 주름진 뇌의 표면이 머리뼈 밖으로 끔찍하게 튀어나와 있고, 생김새 역시도 징그럽다. 이러한 특징은 그들이 어떻게 현대인의 능력을 뛰어넘어 진화했는지를 표현하는 요소다. 그리고 그 기괴한 모습은 뇌가 클수록 지능이 높을 것이라는 오해에서 비롯되었다. 그래서일까. 영화에서 지구는 틈만 나면 머리가 큰 그들에게 침략당하고 만다.

인간의 정신 능력이 대부분의 동물보다 훨씬 뛰어나다는 점에는 의심의 여지가 없다. 그것이 지능의 측면이든, 상상력과 창의력의 측면이든 말이다. 여러모로 호모 사피엔스는 비범한 종이다. 그렇다고 우리에게 아주 특별한 능력이 있는 것은 아니다. 하지만 인간은 다른 수많은 동물과 달리 도구를 비교적 적극적으로 사용할 줄 안다. 또한 생존력을 높이기 위해 우리 과학 기술과 환경을 바꿀 줄 아는데, 이러한 능력은 다른 어떤 종보다 훨씬 앞선다. 이는 우리의 두뇌가 지닌 아주 독특한 기능이다. 물론 뇌의 크기가 어느 정도 지적 능력에 영향을 줄 수도 있다. 파리가 파리채를 피하는 능력을 보면 영리해 보이겠지만, 사고력에는 분명 한계가 있는 것처럼 말이다. 인간의 뇌 크기는 다른 동물과 견주었을 때 비교적 큰 편에 속한다. 하지만 그렇다고 크기만 놓고 봤을 때 아주 상위권에 있는 것은 아니다.

뇌의 용량을 측정하는 방법은 다양하다. 그중 단순히 무게와 부피만을 재는 방법이 있다. 호모 사피엔스는 이 기준으로 측정했을 때 침팬지나 고릴라 같은 영장류와 비교해 단연 앞선다. 그러나 몸집이 더 큰 동물의 뇌는 인간의 뇌보다 압도적으로 크다. 인간의 뇌 무게는 약 1.3킬로그램이지만, 코끼리의 뇌는 5킬로그램이 넘는다. 그뿐만 아니라 향유고래의 뇌는 무려 8킬로그램에 이른다. 심지어 인간끼리 비교해도 무게만으로는 알버트 아인슈타인Albert Einstein이 천재라는 것을 예측하기는 어려웠을 것이다.

당연히 아인슈타인의 뇌는 이례적으로 수많은 연구자의 연구 대상이 되었다. 1955년, 아인슈타인이 죽은 뒤 그의 뇌는 기구한 운명을 맞이한다. 부검 이후 200개 이상의 조각으로 잘렸고 플라스틱과 다를 바 없는 셀룰로오스 파생 물질인 콜로디온에 하나하나 담겨 보관되었다. 뇌 조각들은 20년 넘게 그 행방을 알 길이 없었다가 알코올이 든 사과주스 병 두 개에 담긴 채로 한 병리학자의 지하실에서 발견되었다. 세간에는 과학자들이 아인슈타인의 뇌에서 몇 가지 크지 않은 편차를 발견한 것으로 알려져 있다. 하지만 과학자들이 아인슈타인의 뇌라는 것을 아는 상태에서 '대단한 것'이 있으리라는 기대를 품고 발견한 것이기에 그 수치는 의심스러울 수밖에 없다. 확실한 것은 뇌의 무게가 1.23킬로그램으로 평균보다 조금 가벼웠다는 점이다.

그렇다면 뇌의 크기는 무엇을 의미하는 걸까. 그 미묘한 차이를 살펴볼 필요가 있다. 뇌의 크기는 몸에 비례해서도 볼 수 있다. 이와 같은 기준으로 측정했을 때 포유류 가운데 승자는 지능이 높은 거대 동물이 아닌 땃쥐과의 뒤쥐shrew다. 사실 이렇게 접근하면 몸집이 작은 포유동물이 큰 동물보다 대체로 점수를 잘 받는다. 더 흥미로운 사실은 뇌가 무엇으로 이루어져 있는지다. 뇌는 균질한 덩어리가 아니라 온갖 종류의 수많은 세포가 모여 이루어져 있다. 인간의 경우 이 세포의 개수가 수십억 개에 달한다.

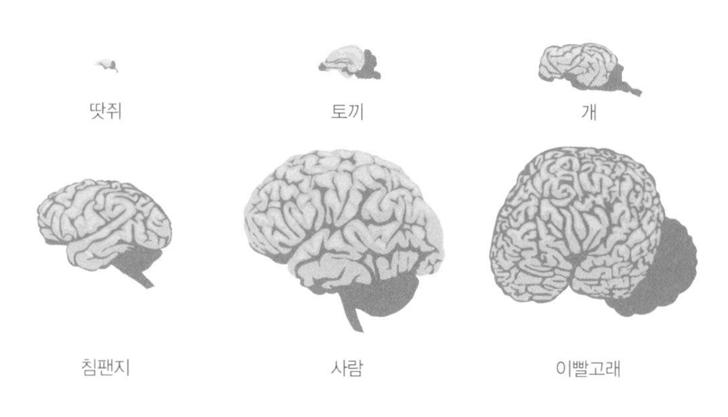

종에 따른 상대적 뇌 크기

특히 지능과 가장 관련이 높은 요소는 전뇌라고 알려진 부위에 있는 뇌의 핵심 세포, 즉 '뉴런'의 개수다. 이 항목에서 인간은 둥근머리돌고래에게 큰 차이로 패배한다. 하지만 다른 동물과 비교했을 때 인간의 뉴런 수는 꽤 많은 편이다. 또 성별에 따른 지능 차이가 없음에도 불구하고 남성은 여성보다 전뇌의 뉴런 수가 더 많은 편이다.

이처럼 인간의 지능은 뇌의 크기처럼 하나의 특정한 원인으로 인한 것이 아니다. 여러 가지 복합적인 요인이 반영된 결과다. 우리 뇌는 몸에 비해 확실히 크고, 전뇌가 담당하는 기능보다 훨씬 복잡하게 작용한다. 특히 대뇌피질에는 150억 개의 뉴런이 있는데, 각 뉴런 사이에는 무수히 많은 연결망이 형성되어 있다. 우리를 지금 모습으로 만든 것은 뇌의 크기나 구조, 연결 방식이 한데 어우러진 결과다. 그래도 인간의 특별한 지능과 뇌의 크기에 대한 상관관계는 여전히 풀리지 않는 수수께끼로 남아있다.

물질은 세 가지
상태로 존재한다

우리는 여전히 학교에서 물질의 세 가지 상태를 배운다. 모든 물질은 고체, 액체, 기체 중 하나의 상태로 존재한다는 이론이다. 하지만 이는 근본적으로 틀린 말이다. 이 설명이 얼마나 잘못된 말인지를 증명하기 위해 우주 전체를 살펴볼 필요가 있다. 우주에 존재하는 물질 중 약 99퍼센트는 세 가지 상태 중 그 어느 것에도 해당하지 않는다. 이는 사소한 실수나 오류로 넘길 일이 아니다. 물질의 상태가 세 가지뿐이라는 말은 그 자체로도 놀라울 만큼 부정확하다.

물질의 세 가지 상태를 말하면 단연 '물'이 떠오를 것이다. 물은 우리가 경험할 수 있는 온도에서 세 가지 상태로 존재하는 유일한 물질이기 때문이다. 고체 상태인 얼음은 분자의 움직임이 전혀 없는 것은 아니나, 물 분자의 위치가 격자 구조로 비교적 고정되어 있다. 액체 상태인 물은 얼음의 강한 결합이 끊어진 상태다. 그러나 물 분자가 중력을 받아 고정된 위치에서 서로를 끌어당긴다. 그만큼 분자의 움직임이 느리다. 기체 상태의 물인 수증기는 분자의 움직임이 매우 빠르다. 이 분자들은 전자기력에 의해 묶여 있지 않으며, 공기 중으로 퍼져나가 주어진 공간을 가득 채운다. 단, 여기서 말하는 수증기vapour는 김steam과 다르다. 김은 기체 상태의 물이지만, 액체 상태의 작은 물방울도 섞여 있다는 사실에 주의하자.

물을 분자식으로 표기하면 H_2O다. 이 분자식의 의미는 물이 두 개의 수소(H) 원자와 한 개의 산소(O) 원자로 이루어져 있다는 뜻이다. 물은 또 다른 물 분자를 만났을 때 '수소 결합'을 한다. 여기서 수소 결합이란, 음전하(-)를 띠는 산소 원자와 양전하(+)를 띠는 수소 원자가 자석처럼 서로를 끌어당기며 분자끼리 결합하는 것을 의미한다. 우리가 물 분자의 집합체인 '물'을 볼 수 있는 것도 다 이 수소 결합 덕분이다. 만약 물이 수소 결합을 하지 않았더라면 물은 -70도에서도 끓어 기화되고 말 것이다. 지구에 액체 상태인 물도 존재하지 않을 것이며 이는 곧 생명체가 살 수 없음을 의미한다.

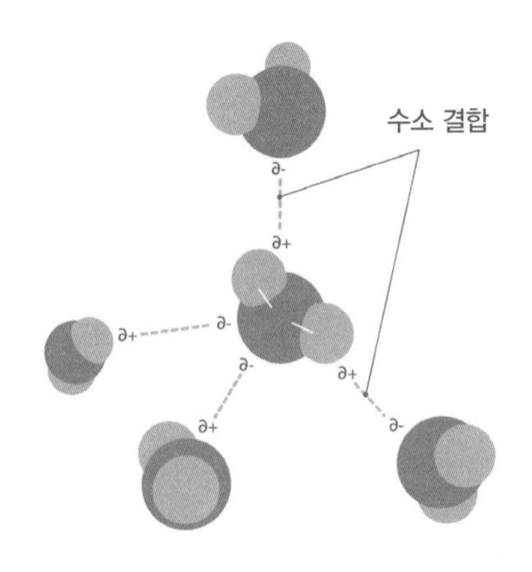

그렇다면 고체, 액체, 기체 이외의 다른 물질은 무엇일까? 바로 플라스마plasma다. 우주 물질의 99퍼센트는 이 플라스마로 이루어져 있다. 특히 별을 구성하는 주요 성분 가운데 하나다. 우주의 물질은 대부분 별에서 발견된다고 말해도 과언이 아니다. 플라스마는 가끔 특수한 상태의 기체로 묘사되지만 그런 표현은 오해를 불러일으키기 쉽다. 기체와 플라스마의 차이는 기체와 고체의 차이보다 훨씬 크다.

물질의 전통적인 세 가지 상태는 모두 원자로 이루어져 있다. 원자들이 서로 다른 방식으로 상호작용하며 상태의 차이를 만들어내는 것이다. 하지만 기체에서 플라스마로 상태 변화한 물질은 더 이상 원자로 구성되어 있지 않다. 그 대신 플라스마는 이온으로 이루어져 있는데, 앞서 말했듯 이온은 전자를 얻거나 잃어 전하를 띤 원자다. 이온이 기체 상태의 원자처럼 자유롭게 날아다니기 때문에 플라스마는 언뜻 기체처럼 보이기도 한다. 하지만 플라스마의 움직임은 전하를 띤 입자 때문에 기체와는 근본적으로 다르다.

플라스마가 이온으로 이루어져 있다는 건 '전도성'이 높아 전기가 잘 통한다는 것을 의미한다. 일반적인 기체와는 다른 특징이다. 그런 이유로 플라스마는 일부 텔레비전을 만들 때도 사용한다. '플라스마 디스플레이'는 기체가 든 작은 셀의 집합체다. 여기에 높은 전압을 가하면 안에 든 기체는 플라스마로 상태가 변한다. 이 과정에서 전자와 입자가 충돌해 자외선 광자를 만들어 내고, 이 광자는 형광체를 자극해 화면을 표시한다. 이외에도 우리가 일상에서 우연히 만나게 되는 불꽃과 번개 역시 플라스마다.

여기까지 설명했을 때 물질이 '네 가지 상태'로 존재한다는 점에 이견은 없을 것이다. 그러나 대부분의 물리학자는 특수한 물질인 '보스 아인슈타인 응축'을 물질의 다섯 번째 상태로 꼽는다. 보스 아인슈타인 응축이라는 생소한 이 물질은 보손boson이라는 희박한 기체를 절대 영도로 냉각할 때 발생한다. 보손은 광자 같은 입자를 의미하고, 더욱 중요하게는 일부 원자의 핵도 포함한다. 이러한 응축물에서 성분 입자는 에너지가 가장 낮은 상태에서 매우 특이한 방식으로 행동한다. 입자들은 점성이 전혀 없는 초유체의 성질을 보이는데, 초유체는 빛의 속도를 기어가는 수준으로 낮추거나 빛을 물질 안에 일시적으로 가둘 수 있는 것으로 밝혀졌다.

지구의 인구는 기하급수적으로 증가한다 :우리는 끝장났다

지구의 인구수는 지난 몇 세기에 걸쳐 눈에 띄게 늘어났다. 1800년에는 약 10억 명이었던 것이 1900년에는 그 두 배로 늘었다. 그로부터 60년 후에는 30억 명, 또다시 60년이 지난 후에는 놀랍게도 78억 명까지 늘었다. 과학이 발전하며 유아 사망률이 줄었는데, 이것도 지구촌 인구 증가에 일조했다. 하지만 인구가 계속 이런 식으로 증가한다면 인류는 심각한 문제에 직면할 것이다.

1798년, 영국의 경제학자인 토마스 맬서스Thomas Malthus는 식량 생산 속도가 인구 증가 속도를 따라잡지 못해 조만간 지구촌에 '대규모 기아 사태'라는 재앙이 닥칠 것으로 내다봤다. 실제로 맬서스가 예측한 것보다 더 폭발적으로 인구가 증가했으니, 예상대로라면 인류는 이미 식량난에 허덕였어야 한다. 그러나 과학 기술 덕분에 그런 파국을 맞지 않았다.

지난 200년 동안 우리의 농업 생산량은 크게 늘었다. 당연히 식량 생산량은 인구 증가율을 따라잡고도 남는다. 이것은 누군가 옛날 방식으로 유기 농업을 해야 한다고 주장할 때 반박하기 좋은 근거다. 유기 농업만을 고집했다면, 아마 우리는 심각한 식량 부족 사태를 겪었을지도 모른다. 물론 여전히 세계 곳곳에는 식량을 구하기 어려운 지역이 더러 있다. 하지만 이는 식량이 부족해서가 아니라, 식량이 필요한 곳에 적절히 배분되지 못했기 때문이다. 그러나 과학 기술의 도움에도 불구하고 사실 지구의 역량에는 한계가 있다. 또 인구가 증가하는 속도는 믿을 수 없을 만큼 급격하다. 인구가 기하급수적으로 증가하고 있는데 지구의 역량이 이를 따라오지 못하니, 결국 우리는 끝장나고 마는 걸까?

'기하급수적'이라는 말은 흔히 '매우 빠른 속도로 늘어가는 것'을 의미한다. 단순히 폭발적이고 빠른 속도로 무언가 증가한다는 표현이며, 딱히 특별한 의미가 있는 건 아니다. 성장에 관한 수치를 그래프에 표시하면 직선 모양일 것이다. 해마다 무언가가 같은 양으로 증가한다는 의미다. 가령, 인구가 매년 100만 명씩 늘어난다면 그래프는 직선 모양으로 나타난다. 인구 성장률을 계산할 때는 증가량에 연수를 곱해서 구한다. 하지만 기하급수적인 증가를 나타내기 위해 연수를 지수로 계산하는 바람에 수치가 상승하는 수학적 힘이 발휘된 적도 있다.

거듭제곱을 이용해 '어떤 값'을 두 배씩 기하급수적으로 늘려 보자. 매년 무언가가 두 배로 증가한다면 n년 후에 그 수치는 원래 값의 배가 된다. 여기서 n이 지수다. 지혜로운 사람이 어리석은 왕에게 무한한 선물을 받는다는 내용의 동화가 생각난다. 현명한 사람은 어떤 선물을 받고 싶냐는 왕의 말에 '쌀'을 요구한다. 구체적으로 체스판을 이용해 수량을 일일이 보여주면서 매번 두 배씩 늘려 달라고 말한다. 첫 칸은 쌀 한 톨, 두 번째 칸은 두 톨, 세 번째 칸은 네 톨. 이렇게 체스판 64칸을 다 채워달라고 부탁한다.

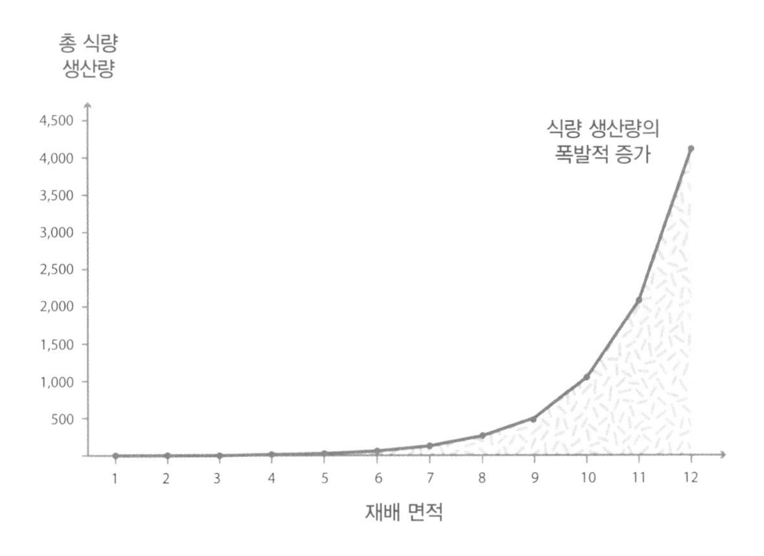

썩 나쁜 제안 같지는 않다. 하지만 계산기를 두드려 보면 이야기가 달라진다. 그가 요구한 쌀은 총 1천 854경 톨로, 세계 생산량의 약 600배에 이르는 양이다. 이 이야기가 탄생한 중세 시대는 물론, 심지어 오늘날의 한 해 총생산량보다 많은 쌀을 요구한 것이다. 이렇게 기하급수적인 증가는 금세 우리의 상상을 초월해 걷잡을 수 없게 만든다.

그동안 인구가 기하급수적으로 증가한 것은 사실이다. 1800년에서 1900년까지 약 100년간 인구는 두 배 증가했다. 또 1900년부터 2000년까지의 증가율을 계산해 보면 똑같이 두 배 이상의 인구가 늘었다. 이처럼 인구가 두 배로 늘어나는 데 걸리는 시간이 그다음의 도달점으로 가는 시간과 같거나 비슷하다면 그것은 '기하급수적'으로 늘었다고 표현할 수 있다. 그런데 과연 요즘도 그럴까? 선진국 기준, 인구를 유지하는 데 필요한 '가족당 평균 자녀 수'의 수준은 약 2.1명이다. 인구가 계속 늘어나고 있기는 하나, 선진국의 출생률은 이것보다 현저히 떨어진다. 당연히 인구도 감소하는 중이다. 이 책을 쓰는 시점에 보면 인구는 2100년쯤 최대 100억 명에서 120억 명에 이를 것으로 예상되며, 그 후에 세계 인구는 감소세로 돌아설 것이다.

유아 사망률과 빈곤 지수가 감소함에 따라, 가정에서 태어나는 평균 자녀 수도 감소한다. 100억 명에서 120억 명이 많은 인구이기는 하나, 아직은 현대 농업 기술로 감당할 수 있는 범위 안에 있다. 그러니 맬서스가 예견한 재앙이 우리를 덮칠 일은 없다. 장기적으로 보면 인류가 풀어가야 할 숙제는 인구가 늘어나는 것보다는 줄어드는 것에 있다.

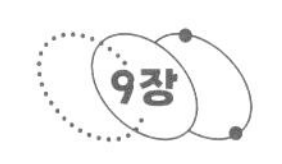

금붕어는 기억력이 3초다

금붕어의 기억력에 심각한 문제가 있다는 건 널리 알려진 '사실'이다. 심지어 그런 속설에서 생겨난 농담도 있다.

> "인간들은 내가 기억을 3초밖에 못하기 때문에 피쉬 플레이크를 계속 받아먹는다고 생각하지… 하지만 나는 밥 먹은 걸 기억하지 못하는 게 아니야. 그냥 맛있어서 계속 먹는 거라고! 아, 감미로운 그 맛!"

이것은 그럴듯한 농담이 아니다. 과학과 재미가 언제나 손발이 척척 맞는 사이는 아니기 때문이다. 위의 금붕어 농담에서 가장 큰 문제인 것은, 물고기의 기억력을 3초라고 하든 그에 못지않게 대중적인 5초나 9초라고 하든 진실이라고는 눈곱만큼도 없다는 점이다.

예전에 금붕어를 기른 적이 있다. 하루에 한 번씩 늘 같은 자리에서 먹이를 줬는데, 이후로는 내가 그 위치에만 나타나면 금붕어들은 먹이를 기다리며 근처를 왔다 갔다 하기 시작했다.

금붕어가 단 3초 만에 모든 것을 깡그리 잊는다면 이런 일은 가능하지 않았을 것이다. 이와 관련해 2003년 플리머스대학에서 진행한 실험이 있다. 연구원들은 레버를 밀어야만 먹이가 나오는 먹이 공급 시스템을 만들어 수족관 안에 설치했다. 또한 레버를 눌렀을 때 하루에 한 번, 매일 일정한 한 시간 동안만 먹이가 나오도록 설계했다. 금붕어들은 빠르게 레버 누르는 법을 체득했고, 신기하게도 먹이가 나오는 시간을 기억했다가 그 시간에만 레버를 눌렀다. 금붕어들의 이 기억력은 몇 달 동안이나 계속되었다.

2003년은 금붕어 연구에 한 획을 그은 해다. 미국의 대중과학 텔레비전 프로그램인 《호기심 해결사MythBusters》에서도 물고기의 기억력에 관한 실험에 착수했고, 결과를 2004년에 방송으로 내보냈다. 그 실험에서 금붕어는 적어도 한 달 동안 미로를 빠져나가는 색깔 단서와 경로를 기억했다. 1908년까지 거슬러 올라가면 물고기의 뛰어난 기억력을 뒷받침하는 논문들도 분명 존재한다.

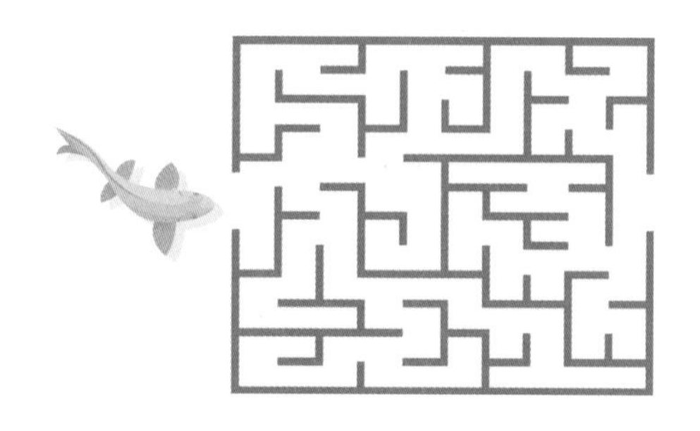

그렇다면 가여운 금붕어는 어째서 그런 결점 있는 기억력으로 사람들의 입에 오르내리게 된 걸까? 터무니없는 믿음의 출처를 파헤치다 보면 그 기원이 텔레비전 광고에 있다는 의견도 있다. 하지만 실제로 광고가 송출되었는지, 어떤 광고였고 언제 방송되었는지 확실하지 않다.

최근, 2015년에 〈마이크로소프트 캐나다〉는 한 보고서를 통해 우리가 디지털 미디어에 노출되는 바람에 인간의 주의 집중 시간이 감소하고 있다고 주장했다. 그러자 이 낡아빠진 속설이 또 다른 돌풍을 일으키며 되살아났다. 그 보고서는 2000년 기준, 인간의 주의 집중 시간이 평균 12초였으나 2013년에는 8초로 떨어졌다고 말했다. 이는 금붕어의 평균 주의 집중 시간인 9초보다 짧아졌다는 점을 시사한다. 마이크로소프트사의 주장은 〈통계적 뇌statistic Brain〉라는 웹사이트에 근거했다. 다만, 안타깝게도 웹사이트 너머의 근거를 찾는 일은 불가능했다.

사실 그 주장이 의심스러운 데에는 두 가지 이유가 있다. 첫 번째, 기억력과 주의 집중 시간은 완전히 다른 개념이고 서로 관련이 없다. 그동안 진행되어 온 금붕어에 관한 통계는 단순히 기억력에 관한 것이므로 주의 집중 시간과는 관련이 없다. 인간의 주의 집중 시간이 8초로 떨어졌다는 보고서가 공개되었을 때, 인간의 기억력도 8초라고 주장하는 사람은 없었던 것처럼 말이다. 그러므로 그 통계는 누가 봐도 사과와 금붕어를 비교하는 것처럼 터무니없었다. 심지어 그 이후로 사람과 관련된 수치조차 믿을 수 없게 되어버렸다.

다른 것은 그렇다 치더라도 평균적인 주의 집중 시간 같은 건 없다. 예컨대 페이스북 메시지를 휙휙 넘겨보거나, 차를 몰거나, 책을 읽거나, 흥미진진한 장편 영화를 감상할 때마다 주의 집중 시간은 달라지기 때문이다. 확실히 예전보다 훨씬 산만해지긴 했다. 그렇다고 인터넷이 주의력을 모조리 망쳐놓았다는 뜻은 아니다. 우리가 수많은 소셜 미디어 게시물에 장시간 주의를 기울이지 않는 이유는 모르긴 해도 그 게시물에 몇 초 이상 시간을 들일 만한 가치가 없기 때문일 것이다.

다음에 누군가가 가엾고 불쌍한 금붕어의 기억력 혹은 주의 집중력이 3초라고 할 때 당신은 자신 있게 틀렸다고 말할 수 있다. 아울러 이 헛소문을 세상에 또다시 퍼뜨리는 기자나 홍보 담당자의 형편 없는 기억력을 비웃어 줄 수 있다.

소행성이 지구와 충돌해 공룡이 멸종했다

약 1억 6천만 500만 년 전, 지구상에는 수백만 년에 걸쳐 공룡이 번성했다. 그에 비하면 인간이 출현한 지는 약 30만 년밖에 지나지 않았고, 공룡의 존재 기간을 따라잡기에는 아직 역부족이다. 하지만 우리가 모두 학교에서 배웠듯 공룡은 약 6천 600만 년 전에 멸종했다.

그 당시에 발생한 대재앙의 원인을 두고 오랫동안 의견이 분분했지만, 지금은 지구로 날아든 소행성이 지구에 대재앙을 일으켰다는 것이 정설로 받아들여지고 있다. 월터 앨버레즈Walter Alvarez와 그의 아버지인 루이스 앨버레즈Luis Alvarez가 했던 놀라운 탐사 덕분에 재앙의 원인을 뒷받침할 근거를 발견한 것이다.

월터는 약 6천 600만 년 전에 일어난 '대멸종' 사건과 관련해 당시의 지구 지각층을 연구하고 있었다. 그러던 중 백악기Crfetaceous — 팔레오기Paleogene의 머리글자를 딴 당시의 지층, 'K-Pg 경계'에 주목했다. 지층은 일반적으로 퇴적물이 쌓이는 방식으로 만들어진다. 따라서 지층을 보면 당시 지구에서 무슨 일이 벌어졌는지를 알 수 있다.

아버지와 아들은 그 경계층에 이리듐iridium이라는 원소가 유난히 많다는 점을 발견했다. 이리듐은 중금속으로, 밀도가 높아 중력에 의해 지구의 핵으로 쉽게 가라앉는다. 이는 곧 지표면에서 보기 드물다는 의미다. 일반적으로 지각층에서 이리듐이 발견되는 경우는 그 시기에 운석 충돌이 있었다는 의미로 해석된다. 하지만 그들은 우주의 이리듐이 지구에 도달하는 일반적인 비율보다 약 90배가 넘는 많은 양이 지층에 퇴적되어 있다는 사실을 발견했다. 게다가 전 세계 어디에서 샘플을 채취하든 결과는 마찬가지였다.

이 운석 충돌 가설은 멕시코 유카탄반도 연안에서 지름 200킬로미터의 거대한 충돌구를 발견하면서 해결의 실마리를 찾는다. '칙술루브'라고 부르는 이 초대형 충돌구는 지름이 약 10킬로미터인 소행성이 초속 약 20킬로미터의 속도로 지구와 충돌해 형성된 것으로 추정된다. 그 폭발력은 히로시마에 떨어진 핵폭탄의 50억 배와 맞먹는 위력이었을 것이다.

이 충격의 결과는 무시무시했다. 지구와 충돌하면서 생긴 물질이 솟구쳐 올랐다가 비처럼 쏟아져 내렸고, 지진과 쓰나미가 발생했으며, 먼지와 재가 만든 구름이 대기를 뒤덮어 수년간 햇빛을 완전히 차단했다. 그 결과 지구상에서 살아가던 동식물종의 75퍼센트가 멸종했다. 같은 맥락에서 말하자면 우리는 현재 여섯 번째 대멸종이라는 관점에서 우려할 만한 수준으로 생물종을 잃고 있다. 하지만 칙술루브 사건과 비교하면 지금 진행

중인 멸종은 별로 대수롭지 않아 보인다. 아직 생물 종의 5퍼센트밖에 잃지 않았으니 말이다.

자, 지금까지 공룡이 소행성 충돌로 인해 멸종했다는 진술은 정확해 보일 것이다. 하지만 그렇지 않다. 당시 살아남은 공룡도 있고, 공룡의 모습에서 진화를 거듭한 종도 우리와 함께 살아가고 있다. 이 말이 믿을 수 없게 들리는 이유는 우리가 공룡의 생김새에 편견을 가지고 있어서다. 공룡이라고는《쥬라기 공원》같은 영화나 박물관에서 접한 게 전부일 테니 말이다. 티라노사우루스 렉스에서 벨로키랍토르에 이르기까지, 우리에게 익숙한 종들은 대부분 살아남지 못한 것이 사실이다. 우리는 공룡을 파충류의 형상으로 묘사한다. 또한, 피부가 매끈하고 비늘로 뒤덮여 있을 것이라 상상한다. 하지만 무엇을 떠올리든 틀렸다.

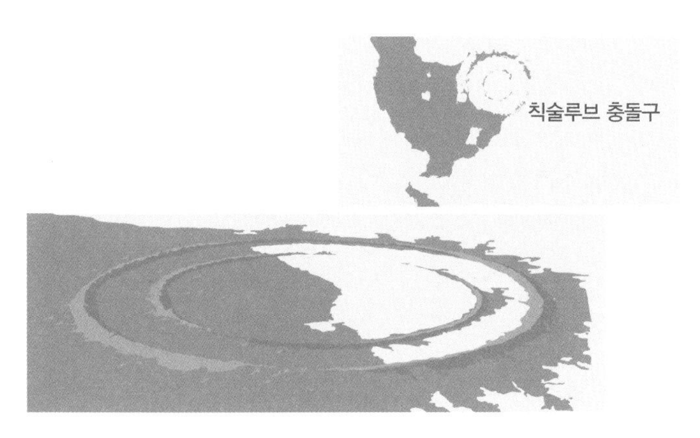

6천600만 년 전 소행성 충돌로 형태가 거의 사라진 충돌구

공룡은 도마뱀과 달리 온혈 동물이었다. 대부분 알을 낳았고, 그 사나운 벨로키랍토르처럼 깃털이 달려 있었다. 그뿐 아니라 날아다니는 공룡도 있었다. 느낌이 오는가? 멸종 사건 이후 쭉 진화해 왔지만 사실 '새'는 공룡이다. 새의 조상은 상대적으로 몸집이 작았기 때문에 충격의 여파가 컸던 어려운 시기를 다른 공룡보다 잘 버텨낼 수 있었다. 그러니 모든 공룡이 멸종한 것은 아니다.

뉴턴은 사과가 머리 위로 떨어지는 것을 보고 중력을 발견했다

어린 아이작 뉴턴Isaac Newton은 흑사병이 창궐하자 케임브리지대학에서 고향으로 돌아간다. 그는 온종일 어머니의 농장에 머물며 시간을 보냈다. 사과나무 아래에 앉아 잠시 한숨을 돌리던 찰나, 사과 하나가 뉴턴의 머리 위로 뚝 떨어진다. 이 일로 어린 뉴턴은 중력에 대한 영감을 얻게 되고, 이 장면은 애플 컴퓨터의 첫 번째 로고를 탄생시켰다. 영국 링컨셔의 울스소프 저택에 가면 그 사과나무로 추정되는 나무를 볼 수 있다.

하지만 중력을 뉴턴이 발견한 것은 아니다. 사람들은 중력의 존재를 일찌감치 잘 알고 있었다. 고대 그리스에서는 무거운 원소인 물과 흙이 우주의 중심으로 향하는 현상을 자연스럽게 받아들였다. 또한, 불과 공기처럼 가벼운 원소는 중력과 반대 방향으로 가고자 하는 부력 때문에 우주의 중심에서 조금 멀어지는 것을 자연스러운 것이라 여겼다.

뉴턴은 사과나무 일화로 추정되는 사건을 겪은 뒤 약 22년 후, 1687년에 『자연철학의 수학적 원리』라는 저서를 출간한다. 이 책을 통해 펼친 뉴턴의 주장은 중력에 대한 이해를 바꿀 정도로 획기적이었다. 그는 먼저 ①사과 같은 물체가 땅으로 떨어지는 힘 ②달이 지구 둘레를 도는 힘 ③지구의 다른 행성이 태양 둘레를 도는 힘은 모두 같다는 것을 깨달았다. 그는 이를 증명하기 위해 달이 지구의 표면 근처를 돌 때 작용하는 힘을 계산했다. 또한 그 힘은 지표면이 물체를 끌어당기는 힘과 같다는 것도 증명했다. 그다음으로는 중력이 작용하는 힘을 '관련된 두 물체의 질량과 그 차이의 역제곱'이라는 관점에서 수학적으로 설명해냈다.

처음에는 사람들이 달이 지구에 '끌린다'는 뉴턴의 주장을 괴상하게 받아들였다. 끌림이라는 말은 보통 로맨틱한 감정을 표현할 때만 사용했기 때문이다. 하지만 이는 사과와 아무런 연관이 없다. 뉴턴 역시 중력을 설명하면서 사과를 언급하지 않았음은 물론이다.

그러면 사과는 과학사의 신화에서 왜 그토록 굳건히 자리 잡게 된 걸까? 사과는 뉴턴이 죽기 1년 전인 여든세 살일 때 고고학자 윌리엄 스터클리William Stukeley가 뉴턴의 집을 방문하면서 처음으로 등장했다. 스터클리는 뉴턴의 전기에서 다음과 같이 썼다.

"날씨가 따뜻했다. 저녁 식사를 마친 우리는 뜰로 나가 사과나무 그늘 밑에서 차를 마셨다. 그와 나 단둘뿐이었다. 대화를 나누던 중에 그는 '중력의 개념이 머리에 떠올랐을 때'와 같은 상황이라고 했다. 사과는 왜 항상 땅에 수직으로 떨어지는가, 하고 그는 생각했다. 그가 깊은 생각에 잠겨 앉아 있을 때 마침 사과 하나가 떨어졌기 때문이다."

뉴턴이 직접 사과에 대해 언급했다고 하는 처음이자 마지막 기록이다. 이 점으로 미루어 볼 때 그 사건이 일어났는지조차 의심스럽다. 이와 비슷하게 유명하지만 믿기 힘든 과학적 신화가 또 하나 있다. 뉴턴보다 앞서 중력을 생각한 '갈릴레오 갈릴레이'는 무게가 다른 물체를 피사의 사탑에서 떨어뜨려 두 물체가 같은 속도로 떨어진다는 것을 발견했다고 전해진다. 그러나 이러한 사실을 맨눈으로 확인하기 매우 어려웠을 테고 이번에도 단 한 번, 갈릴레오의 나이가 아주 많았을 때 제삼자에 의해 언급되었을 뿐이다. 그리고 실제로 갈릴레오가 공을 떨어뜨린 대신 비탈길에서 공을 굴리는 방법으로 이 이론을 증명했다는 사실을 안다.

확실한 건 뉴턴은 자신의 머리 위로 떨어진 사과에 대해 직접 언급한 적이 없다는 사실이다. 그것은 만화에서나 볼 법한 이야기다. 사과가 떨어지는 모습을 보고 처음에 영감을 조금 얻었을 수는 있었겠으나, 중력에 대한 이해는 이후 20년에 걸쳐 서서히 발전해 갔다. 머리에 사과를 맞고 그 자리에서 발견한 인상적인 법칙 같은 것은 없었다.

원자는 태양계의 축소판이다

작은 태양계를 그대로 옮겨 놓은 듯한 원자의 그림은 시각적으로 화려해 보인다. 또한, 질서 역시 잘 잡힌 느낌이라 눈길을 끈다. 그래픽 디자이너에게 원자를 상징적으로 표현해 달라고 요구하면 거의 항상 행성들이 그 둘레를 도는 항성의 모습으로 표현할 것이다. 국제원자력기구의IAEA 로고를 한번 보자. 태양계는 항성 주변을 일정한 궤도를 그리며 도는 행성으로 구성되어 있다. 원자의 모습은 이 태양계와 유사한 구조로, 거대한 핵 주변을 작은 전자가 궤도를 그리며 돈다. 이 그림은 아름다운 대칭성을 보인다. 안타깝게도 원자의 내부 구조가 발견되자마자 그것은 완전히 틀린 것으로 드러났지만 말이다.

원자의 개념은 원래 물질을 이루는 가장 작은 요소였다. 어원은 말 그대로 쪼갤 수 없다는 뜻의 그리스어, 아토모스atomos에서 왔다. 어떤 물질을 계속 잘게 쪼개다 보면 더 이상 쪼개지지 않고 남는 것이 원자다.

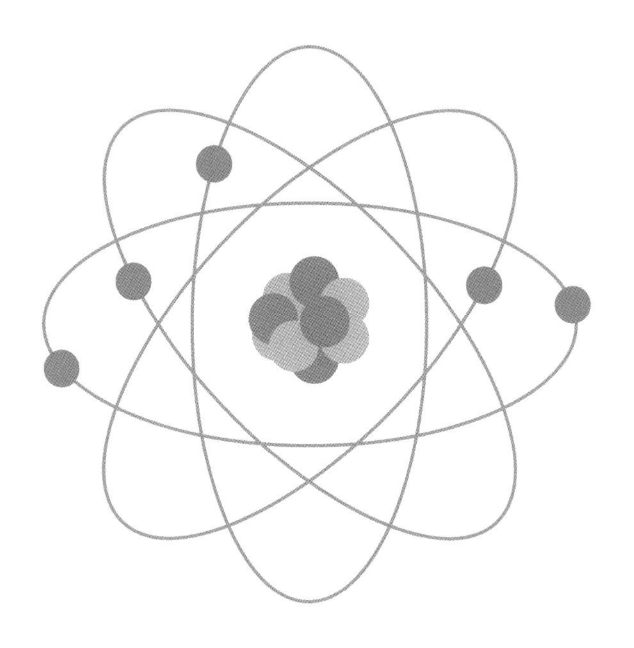

이러한 원자에 대한 이해는 20세기 초, 맨체스터에서 뉴질랜드 물리학자 어니스트 러더퍼드Ernest Rutherford와 그의 연구팀에 의해 무너지기 시작했다. 원자 질량 대부분이 중심핵에 몰려 있다는 것을 연구 끝에 밝혀낸 것이다. 이때, 러더퍼드는 생물학에서 복잡한 세포의 중심에 있는 구성 요소를 가리키는 말로 이미 사용되던 '핵'이라는 용어를 빌려왔다. 이들은 또 원자에는 전자라고 하는 전하를 띤 작은 입자가 있다는 사실도 발견했다. 전하는 음전하를 띠고, 원자핵은 양전하를 띠고 있어 서로 상쇄되었다. 그러나 원자의 내부 구조는 정확하게 알기 어려웠다.

러더퍼드의 결정적 실험 이전에 케임브리지대학 소속의 영국 물리학자, 톰슨Thomson은 크리스마스 푸딩에 박힌 건포도처럼 양전하를 띤 찐득찐득한 물질에 전자가 골고루 박혀있는 '건포도 푸딩' 모델을 제안했다. 하지만 핵이 양전하를 띠기 때문에 전자는 원자의 바깥쪽 어딘가에 있어야 했다.

바로 이때, 덴마크의 닐스 보어Niels Bohr를 비롯한 물리학자들이 원자 구조와 태양계 구조의 유사성을 검토했다. 태양계에서 지구는 중력에 이끌려 태양 쪽으로 떨어지고 있다. 하지만 지구는 그 방향과 수직으로도 움직인다. 즉, 추락하고 있는 것은 맞지만 끌려 들어가지 않는다. 지구뿐만이 아니라 태양계의 모든 행성이 그렇다. 즉, 궤도를 돈다는 말과 같다. 그러니 전자기력이 핵으로 끌어당기는 전자도 궤도를 돌고 있다고 상상하지 않을 이유가 있을까.

하지만 고전 물리학 관점에서 결정적인 문제점이 있었다. 궤도를 도는 것은 일종의 가속운동으로 전하를 띤 입자가 가속될 때 빛을 방출하며 에너지를 소모한다. 중력이 작용하는 행성들은 태양 주위를 돌아도 에너지를 잃지 않고 안정한 상태를 유지할 수 있지만 원자핵 주위를 돌고 있는 전자는 전하 사이에 작용하는 전자기력에 의해 붙들려 있기 때문에 궤도를 도는 동안 빛을 방출해야 한다. 빛을 방출하면 에너지를 잃게 되고 결국 소용돌이 모양을 그리면서 원자핵 쪽으로 끌려 들어간다. 추락한 전자는 핵과 충돌하고 원자는 거의 즉시 붕괴하고 만다. 그러니 원자는 오랫동안 안정된 상태로 존재할 수 없는 것이다.

보어는 러더퍼드 원자모델의 문제를 해결하기 위해 양자 역학을 도입하고 궤도를 없앴다. 양자 역학은 안정한 상태에서 원자핵 주위를 도는 전자가 빛을 방출하지도, 에너지가 줄어들지도 않는다고 가정하기 때문이다. 이처럼 에너지가 일정한 안정된 상태를 '에너지 준위'라고 부른다. 이것은 전자가 궤도를 따르는 것이 아니라 핵과의 상호작용을 통해 일정한 에너지 값을 갖는 상태로 존재한다는 것을 의미한다. 전자가 에너지를 얻거나 잃으려면 에너지 준위를 건너뛰어야 한다.

전자는 행성과 달리 다른 것과 상호작용하지 않는 한, 위치가 특별히 정해져 있지 않은 양자 입자다. 전자가 어디에 있는지를 알려면 다른 물체와 상호작용해야 한다는 뜻이다. 실제로 전자의 위치는 보어의 원자모델처럼 정해진 위치가 있는 것이 아니고, 확률적으로만 나타낼 수 있다. 전자의 존재 확률을 보여주는 모델이 현대의 전자구름 모델이다. 전자가 구름처럼 퍼져있는 분포를 궤도orbit와 혹시 모를 혼동을 막기 위해 오비탈orbital이라고 부른다. 이 모델로 전자의 양자적인 성질과 전자가 핵으로 떨어지지 않고 양자 도약양자의 에너지가 불연속적으로 흡수하고 방출되는 현상을 통해 다른 구름으로 이동할 수 있다는 것을 잘 설명할 수 있다. 원자를 태양계의 축소판러더퍼드 원자모델으로 그리면 예술적으로 표현하기 좋을 수 있지만 실제 모습과 닮은 데가 털끝만치도 없다.

빛보다 빠르게 이동하는 것은 없다

'빛의 속도'는 우주의 최대 속도로, 모든 것에 적용되는 속도 제한이다. 초속 30만 킬로미터쯤 된다. 과학적 이론이 다 그렇겠지만, 이것은 보기보다 간단한 문제가 아니다. 이 이론을 복잡하게 만드는 요소가 한 가지 있다면 바로 '빛의 속도'라는 다소 모호한 개념이다. 빛의 속도는 고정되어 있지 않다. 빛이 어떤 매개체를 통과하는지에 따라 그 속도는 달라진다. 예를 들어 빛의 속도는 공기보다 유리나 물에서 더 느리다. 또한, 진공상태보다는 공기 중에서 더 느리다. 이런 이유로 빛이 공기 중에서 물로 들어갈 때 '굴절 현상'이 일어난다. 말 그대로 빛의 진행 방향이 바뀐다는 의미다. 빛은 매개체의 경계면을 비스듬히 통과할 때 그 속도가 변한다. 그래서 빛의 진행 방향도 변하는 것이다.

진공상태에서 빛보다 빠르게 움직이는 것은 없다. 참고로 이때 빛의 속도는 정확히 초속 299,792,458미터이며, 1미터는 빛이 진공상태에서 1/299792458분의 1초 이동한 거리를 의미한다. 3억으로 딱 떨어지지 않아 아쉽다. 하지만 물속이라면 이야기가 달라진다. 물체가 빛보다 빠른 속도로 매개체를 통과한다면 물체가 이동하면서 압력파가 축적되어 광학적 소닉붐과 같은 현상이 발생한다. 소닉붐이란 소리보다 빠르게 이동하는 비행기가 비행하면서 만들어 낸 폭발음과 비슷한 원리로, 압력파가 발산되지 못하고 하나로 합쳐져 내는 강한 충격음이다.

물체가 빛보다 빠른 속도로 이동하면 체렌코프 복사Cherenkov radiation도 일어난다. 이 효과는 물속 원자로 주변에서 으스스한 푸른 빛이 감도는 복사 파동이다. 원자로가 방출하는 극도로 빠른 전자는 물속에서 초속 22만 6천 킬로미터로 이동하는 빛보다 빠르게 움직인다. 그 과정에서 이동하는 전자는 물 분자 내에서 다른 전자의 에너지를 자극한다. 이 자극은 일시적으로 다른 전자의 에너지 상태를 높였다가, 다시 낮은 에너지 상태로 돌아가면서 푸른 빛을 낸다.

아인슈타인의 특수 상대성 이론에서 생겨난 '속도 제한'은 묘한 측면도 있다. 이 이론은 시간과 공간이 따로 분리된 것이 아니라, 서로 밀접하게 연결된 하나의 연속체라는 것을 의미하기 때문이다. 어떤 물체가 공간 속에서 아주 빨리 이동하고 있다고 가정해 보자. 이때, 관측자의 위치에서 움직이는 물체의 시간은 천천히 흐르고, 물체가 이동하는 방향으로 길이가 줄어들며, 물체의 운동 에너지는 증가한다. 이것이 바로 '상대론적 효과'다. 이러한 변화가 일어나는 정도는 빛의 속도에 따라 달라진다. 만약 물체가 빛의 속도로 빨라진다면 관측자에 의해 측정된 물체의 질량은 무한대가 될 것이다. 관측자가 물체 내부에 있는 한, 물체는 움직이지 않으므로 상대론적 효과도 나타나지 않는다. 그래서 이 이론은 직관에 어긋나기 때문에 이해하기 어렵고 복잡해 머리가 아픈 것이다.

물체가 무한에 가까운 질량으로 가속하는 것이 불가능하다는 건 빛의 속도를 넘어 우주를 이동하는 물체를 관찰할 수 없다는 뜻이다. 그러나 빛보다 항상 빠르게 움직이는 물체는 이론상으로 존재할 수 있다. 그러한 가상의 입자에 타키온Tachyon이라는 이름도 붙었다. 타키온이 실제로 존재한다는 증거는 없다. 하지만 공간 자체를 왜곡하고 일그러뜨려 이동 거리를 단축함으로써 빛보다 빠른 속도로 목적지에 도착하는 효과적인 방법이 있기는 하다.

공간이 확장되거나 축소되면 특수 상대성 이론의 제한 사항이 적용되지 않는다. 가령 어느 정도 부푼 풍선의 표면에 점 두 개를 찍은 다음, 풍선을 더 분다고 치자. 두 점은 서로 멀어질 것이다. 하지만 둘 다 정확히 출발점과 같은 곳에 그대로 있다. 점들은 '풍선의 공간'을 이동하지 않았으나 풍선 그 자체가 변한 것이다.

마찬가지로 우리는 공간이 확장되거나 축소될 수 있다는 것을 안다. 우주의 초기 팽창 속도는 빛보다 빨랐는데, 이는 물체가 움직였다기보다 공간이 변했기 때문에 가능했다. 심지어 멕시코의 물리학자인 미겔 알큐비에레Miguel Aclubierre는 USS 엔터 프라이즈 스타트렉을 대표하는 우주선으로 2차 세계대전의 미 해군의 항공모함에서 딴 이름이다—옮긴이 처럼 우주선 앞의 공간을 수축하고 뒤의 공간을 압축해 공간을 이동하지 않고도 우주선을 옮겨 놓는 워프 드라이브warp drive가 가능하다고 추측했다.

이른바 초광속 실험에서 빛을 빛의 속도보다 빠르게 보낼 때 비슷한 효과가 나타났다. 여기에는 장벽을 뚫고 나갈 에너지가 충분하지 않은 입자가 장벽을 확률적으로 통과하는 현상인 '양자 터널링'이라고 하는 양자의 능력이 발휘된다. 광자와 같은 양자 입자는 다른 것과 상호작용하기 전까지는 위치가 고정되어 있지 않고 확률분포로 존재하기 때문에 양자 터널링을 이용하여 앞을 가로막는 장벽이 있다면 곧바로 뛰어넘을 수 있다. 장벽을 통과하는 데 걸리는 시간은 빛이 그 거리를 이동하는 데 걸리는 시간보다 훨씬 짧다. 실제로 광자는 빛의 속도보다 4배 이상 빠르게 이동한 것으로 측정된 사례가 있고, 음악 신호를 초광속으로 전송하는 데 사용되기도 한다.

피는 철분 때문에 빨갛다

학교에서 배운 생물학이 잘 생각나지 않지만, 피는 철분 때문에 빨갛게 보인다는 말을 들은 기억이 어렴풋이 난다. 단순하게 생각하면 일리 있는 말처럼 들린다. 철은 은색을 띠는 금속이지만, 녹으로 더 잘 알려진 산화철 같은 철 화합물은 주황빛이나 붉은빛이 돌기 때문이다. 그리고 피는 헤모글로빈haemoglobin이라는 화합물을 함유한다. 'haem'은 피를 뜻하는 고대 그리스어다. 철광석의 광물학적 이름은 헤마타이트haematite인데, 그 이름에서도 알 수 있듯 'haem'은 철 기반 물질을 사용할 때 자주 사용되는 단어다.

또 철 결핍성 빈혈이라는 질환이 있다. 출혈이나 임신으로도 발생할 수 있다. 이 질환은 피검사를 통해 발견되며 '철분제'로 치료된다. 다행히도 이 약은 철 덩어리가 아니라, 철 화합물인 '황산철'이 함유된 알약으로 철분 수치를 회복하는 데 도움이 된다. 헤모글로빈 분자 구조를 확대해 보면 정말로 철이 있다. 헤모글로빈은 단백질로, 생명체에서 핵심 역할을 담당하는 수천 개의 화합물 중 하나다. 원래 이 유기 화합물은 피 한 방울이라는 뜻의 헤마토글로불린이라 불렸지만, 이름이 길고 발음하기 어려웠다. 사람뿐만 아니라 물고기를 제외한 모든 척추동물이 이 단백질을 산소 운반체로 사용한다.

헤모글로빈은 적혈구의 주요 성분인데, 물처럼 신체에 산소를 운반하는 필수적인 역할을 한다. 다만, 적혈구는 이산화탄소를 제거하기 위해 마지못해 이산화탄소를 운반하기도 한다. 말린 살구처럼 생긴 이 작디작은 세포는 20초 만에 몸 구석구석을 지나가고, 4개월 정도 생존하다가 교체된다.

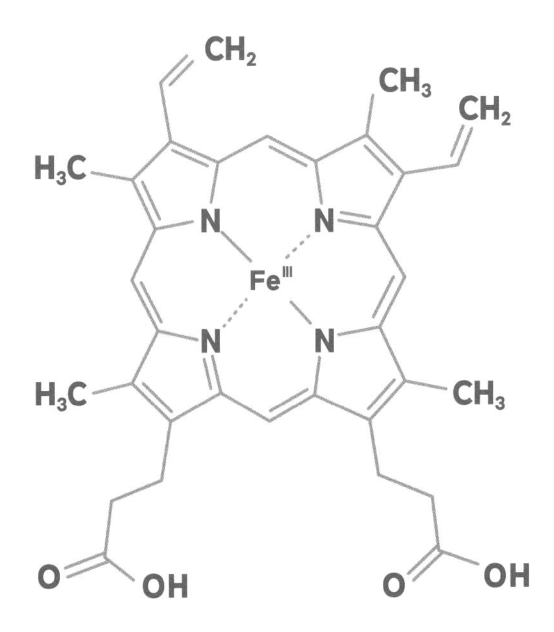

철(Fe) 원자가 중심에 있는 헴 구조

헤모글로빈에는 헴heme이라 부르는 포르피린porphyrin 단백질 성분이 존재한다. 일반적으로 포르피린 단백질에는 네 개의 고리가 있는데, 여기에는 철 원자가 각각 하나씩 있다. 이 단백질은 헤모글로빈에서 색소 역할을 한다. 여기서도 단어의 그리스어 기원을 알면 도움이 된다. 포르피린의 어원인 포르피르porphyr는 뿔고둥의 고대 그리스어 이름에서 유래되었다. 당시 뿔고둥은 황제들이 사용한 티리언 퍼플Tyriam purple 염료를 만드는 데 사용되었다. 포르피린의 독특한 특징은 모양에 따라 색이 변한다는 것이다. 그것은 헤모글로빈의 표면색을 결정하는 분자 구조와 빛이 상호작용하기 때문이다. 포르피린의 모양은 산소를 운반할 때마다 조금씩 달라진다. 모양의 변화는 검붉은 피를 새빨간 색으로 바꿔 자신이 산소를 운반하고 있다는 걸 보여준다. 하지만 어느 쪽도 녹슨 철의 색깔에 가깝지 않다.

일산화탄소에 중독된 사람은 피부에 붉은 기가 뚜렷하게 드러난다. 이는 색을 변화시키는 포르피린의 습성 때문이다. 일산화탄소는 눈에 보이지 않고, 냄새도 나지 않는 가스로 포르피린과 쉽게 결합한다. 이 결합력이 워낙 좋아서 포르피린은 산소보다 일산화탄소와 붙어 다니려고 한다. 즉, 일산화탄소를 마시면 몸이 생존에 필요로 하는 산소를 얻지 못한다는 뜻이다. 포르피린이 산소가 아닌 일산화탄소와 결합해 모양이 변하면 그토록 피부색이 붉게 변한다. 다행히도 이러한 현상은 헤모글로빈이 이산화탄소를 운반할 때는 일어나지 않는다. 이산화탄소는 포르피린이 아니라 헤모글로빈 속의 다른 부분과 결합하기 때문이다.

피는 철분을 함유한다. 그리고 혈액이 붉은빛을 띠는 이유는 실제로 철분이 든 헤모글로빈 때문이다. 하지만 실제로 빨간색을 내는 것은 붉은 녹이나 화성의 붉은 표면과는 달리 철 때문이 아니다.

인간은 뇌가 가진 능력의 10퍼센트만 쓴다

나는 비즈니스 창의성에 관한 책을 시작으로 글쓰기 경력을 쌓기 시작했다. 그중 두뇌 훈련 기술에 관해 서술한 책이 한 권 있는데, 거기서 나는 '인간은 뇌가 가진 능력의 10퍼센트만 쓴다'고 서술한 적이 있다. 이는 곧 거대한 미개발 자원을 남겨두는 셈이라고 경솔하게 이야기한 사실을 부끄럽지만 이제야 고백한다. 안타깝게도 이 믿음은 아무런 근거가 없다.

뇌의 역량을 강화하는 두뇌 훈련 상품을 판매하는 사람들은 우리가 그 능력을 충분히 사용하지 못한다고 주장한다. 그러면서 이를 뒷받침하는 듯한 과학적 연구를 슬쩍 언급하고 지나간다. 우리가 뇌를 효과적으로 사용하지 못한다는 속설에 관한 연구는 19세기 초, 하버드대학의 심리학자 두 명에 의해 시작되었다. 그들은 연구 끝에 이 속설이 진실임을 암시하는 결과를 내놓았다.

미국의 과학자 윌리엄 제임스William James와 보리스 시디스Boris Sidis는 인간은 자신의 역량만큼 뇌를 효과적으로 사용하지 않는다고 말했다. 이는 부정하기 어려운 사실이다. 하지만 하버드의 연구를 간접적으로 언급한 것이 '인간은 뇌를 거의 쓰지 못한다'는 식의 말로 와전되었다. 결국, 이 헛소문은 '뇌는 별로 하는 일도 없이 자리만 차지하는 큰 덩어리'라는 주장으로 왜곡된다. 뇌는 균질한 기관이 아니라고 밝혀진 사실이 이러한 변화에 영향을 끼친 것 같다. 사고를 당하거나 질병을 앓는 바람에 뇌의 일부가 손상된 환자들을 대상으로 진행한 연구 결과가 있다. 뇌의 각 영역들은 기억을 저장하고 떠올리는 일부터 신체 부위 통제, 의사 결정 등에 관여한다. 또한, 감각 기관에서 얻은 정보로 주변 세계를 파악하는 일도 한다. 뇌는 이처럼 각각 다른 역할을 맡고 있으므로 뇌 손상 환자는 손상된 영역의 기능을 사용하지 못한다.

오늘날에는 MRI자기공명영상와 같은 장치가 있어서 기능하는 뇌의 모든 영역에서 활동을 감지할 수 있다. 그래서 과학자들은 우리가 각기 다른 활동을 할 때, 뇌의 어느 영역이 활성화되는지 정확하게 연구할 수 있게 되었다. 뇌를 촬영한 결과, 정도의 차이는 있겠으나 활동하는 중에 우리 뇌는 언제나 활성화되어 있다는 사실이 밝혀졌다. 서로 다른 역할을 맡아 수행하면서도, 상호작용하며 도움을 주는 특정 영역도 있다. 반면, 영역마다 상대적으로 활발하게 기능하는 때가 다 다르기도 하다. 그러나 우리가 처음 생각한 '뇌 기능의 대부분을 사용하지 않는다'는 가정보다 우리 뇌는 훨씬 폭넓은 상호작용을 하고 있다.

우리가 뇌를 촬영하고 뇌의 활동 패턴을 들여다보게 된 이후로 힘을 잃은 이론이 있다. 바로 '좌우 분할 뇌 이론'이다. 오랫동안 좌뇌는 논리적이고 구조화된 사고와 연관이 있어, 냉정하지만 이성적이고 과학적인 측면이 있다고 여겨져 왔다. 반대로 우뇌는 예술과 색채, 정서와 창의성을 담당한다고 여겨졌다. 이 '좌우 개념'은 뇌가 실제로 두 부분으로 거의 분리되어 '뇌량'이라는 커다란 신경섬유 다발로만 좌우가 연결되어 있다는 관찰에 근거한 것이다. 사실 양쪽 뇌가 이러한 정신 활동을 약간 다른 방식으로 다루기도 하지만, 현대의 뇌 영상은 좌우 분할 뇌 이론이 그야말로 지나친 단순화라는 것을 증명해 냈다.

일반적으로 우리의 뇌가 능력치의 10퍼센트만 사용한다는 생각에 사람들은 열광했다. 그들은 우리가 사용하지 않는 뇌의 다른 부분을 발달시키면 초인적 능력을 발휘할 수 있다고 주장했다. 잘 사용하지 않는 뇌 영역이 활성화되면 염력이나 텔레파시 같은 초능력이 생길 거라고 주장하는 사람도 있었다. 하지만 조금만 생각해봐도 그럴 가능성은 희박해 보인다. 만일 우리가 뇌의 90퍼센트에 달하는 부분을 사용하지 않았다면, 몸 전체 에너지의 20퍼센트를 소비하는 이 복잡한 기관은 인간이 진화함에 따라 그 복잡성을 대부분 잃어갔을 것이다.

논리적이거나 창의적으로 생각하는 능력을 향상할 수 없다는 의미가 아니다. 우리는 확실히 뇌의 역량을 최대한 끌어내 발휘하지 않는다. 하지만 그것이 아무것도 하지 않고 자리만 넓게 차지하고 있다는 말이 절대로 아님을 기억해야 한다.

엠파이어 스테이트 빌딩에서 떨어뜨린 동전이 사람을 죽일 수도 있다

1931년에 지어진 엠파이어 스테이트 빌딩은 1972년까지, 오랜 기간에 걸쳐 세계 최고층 마천루 자리를 지켜왔다. 하지만 이제는 뉴욕에서 일곱 번째로 높은 빌딩이 되었다. 세계로 범위를 넓히면 그 높이는 50위 안에도 들지 못한다. 하지만 이 빌딩은 영화 《킹콩》의 상징적인 장면을 시작으로, 무려 250편이 넘는 영화에 등장했다. 이는 건축물의 높이를 생각할 때 엠파이어 스테이트 빌딩이 여전히 우리에게 시각적, 정서적인 랜드마크로 자리 잡고 있음을 시사한다.

건물 꼭대기에서 떨어뜨린 동전이 길을 걷는 사람에게 치명적일 수도 있을 거라는 생각은 엠파이어 스테이트 빌딩이 세계에서 가장 높은 빌딩으로 손꼽힐 그 당시를 생각해 보면 꽤 그럴싸한 주장이다. 어쨌든 동전은 대체로 끔찍한 피해를 일으키는 총알보다 무거운 물건이니 말이다. 물체가 목표물에 부딪히는 충격의 양은 물체의 질량과 물체의 이동 속도를 곱한 운동량으로 측정한다. 현재 영국 동전의 무게는 3.5그램에서 12그램 사이고, 미국 동전의 무게는 2.3그램에서 11.3그램 정도다.

생각보다 무겁지 않다. 그러나 떨어지는 동전의 치명적인 힘은 '동전이 엠파이어 스테이트 빌딩에서 떨어질 때 상당한 속도를 낼 수 있다'는 가정이 전제되어 있다.

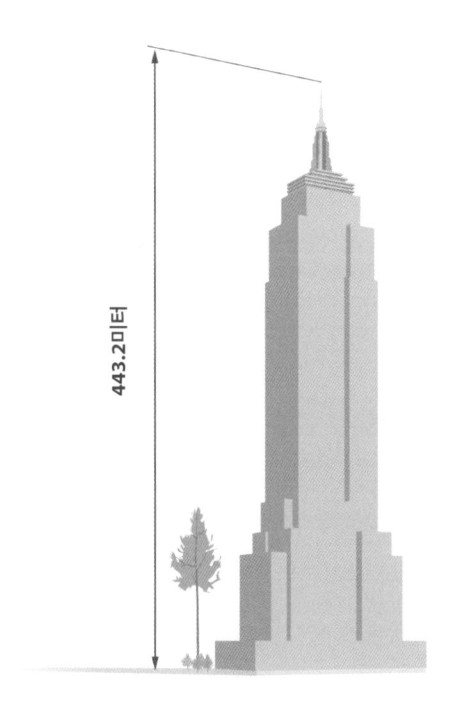

엠파이어 스테이트 빌딩은 경쟁 상대인 크라이슬러 빌딩보다 더 높게 짓기 위해 원래 설계에 끝이 뾰족한 지붕을 얹고 꼭대기에 안테나도 설치했다. 그래서 정확한 높이를 측정하기에는 다소 모호하다. 하지만 킹콩처럼 꼭대기 부분에 올라간다 해도,

동전을 건물의 가장자리 너머로 던지기는 매우 어려울 것이다. 그러니 동전은 지면으로부터의 높이가 320미터에 이르는 전망대에서 떨어진다고 가정해야 한다.

그렇다면 동전이 전망대에서 지면까지 도달할 때 얼마나 빠른 속도로 떨어지는 것일까? 이 의문을 풀 열쇠는 '중력에 의한 가속도'다. 중력은 지구 질량이 중심에 집중된 것처럼 작용한다. 그러니 당신이 지구 표면에서 멀어지면 지구가 당기는 중력의 크기는 작아진다. 하지만, 중력의 크기에 영향을 주기에 빌딩의 높이는 너무 낮다. 지구 표면에 서 있을 때 우리는 지구의 중심으로부터 평균 6천 371킬로미터 정도 떨어져 있다. 하지만 여기에 빌딩의 높이인 320미터를 더해 6천 371.32킬로미터가 된다고 한들 무슨 영향이 있겠는가.

지구 표면에서의 중력 가속도는 9.8이다. 즉 낙하 후 초속은 1초가 지나면 9.8, 2초가 지나면 19.6이다. 320미터 높이에서 낙하한 동전이 '지면에 도달하는 순간'의 속도를 계산하는 건 그다지 어려운 일이 아니다. 이 번거로운 계산을 척척 해내는 계산기도 많다. 다른 문제가 없다면 동전이 320미터 높이에서 떨어져 바닥에 도달하는 시간은 8초이고, 지면에 도달하는 순간의 속도는 78.4다. 이때 낙하하는 물체가 10그램짜리 동전이라면, 힘의 크기는 초당 79×0.01=0.79kg·m가 된다. 같은 맥락에서 보면 권총의 탄환은 초당 약 450×0.007=3.15kg·m로, 약 네 배나 큰 힘을 가졌다. 일반적인 사람일 경우, 배를 아래로 하고 팔다리를 펴서 슈퍼맨 자세로 떨어지면 종단 속도는 약 55㎧이고, 동전은 약 28㎧ 정도일 것이다. 이때, 동전은 탄환보다 힘의 크기가 12분의 1로 줄어든다.

실제로 고려할 사항이 하나 더 있다. 바로 공기다. 낙하하는 물체는 공기의 저항을 받아 속도가 느려진다. 그 결과, 어떤 물체든 종단 속도terminal velocity에 이르게 된다. 여기서 종단 속도란, 공기를 가르며 낙하하는 물체가 다다를 수 있는 가장 빠른 속도를 말한다. 예컨대 낙하산은 이 종단 속도의 원리를 활용한 물건이다. 공기와 닿는 물체의 면적을 넓혀 공기 저항을 높이고, 종단 속도를 줄여 사람이 안전하게 하강할 수 있게 한다.

엠파이어 스테이트 빌딩에서 떨어지는 동전에 맞으면 기분은 나쁠 테지만 그렇다고 죽지는 않는다. 미국의 한 텔레비전 프로그램인 '호기심 해결사MythBusters'에서 특별한 총을 제작해 동전을 엠파이어 스테이트 빌딩에서 자유 낙하할 때와 같은 속도로 쏘는 실험을 한 적이 있다. 그 결과 사람의 목숨을 위협하지 않는다는 사실집에서 따라하지 말자이 증명되었다. 그리고 2007년쯤, 더 비슷한 조건을 갖춰 진행한 실험에서는 텔레비전 프로그램에서 진행한 실험의 결과보다도 더 안전하다는 결론이 나왔다.

버지니아대학의 물리학 교수인 '루이스 블룸필드'는 어떤 실험을 고안한다. 매우 높이 떠 있는 기상 관측 기구에 올라가 동전 한 무더기를 떨어뜨려 보자는 것이었다. 그는 동전이 굵은

빗방울처럼 느껴질 뿐, 아프지 않을 것이라고 주장했다. 앞서 언급한 동전보다 가벼운 1센트 동전을 사용하기는 했으나, 이 실험을 통해 동전이 불안정하게 팔랑거리며 떨어지는 바람에 속도가 11까지 줄어드는 것을 확인했다. 속도를 늦추는 추가적 요인을 발견한 순간이었다.

설탕은 아이들을 과잉 흥분 상태로 만든다

《심슨 가족The Simpsons》이나 《모던 패밀리Modern Family》 같은 코미디 프로에서는 종종 아이들의 과잉 행동hypereactive에 대해 보여준다. 어느 순간 아이들이 설탕을 과하게 먹고 나서 남아도는 힘을 주체하지 못해 한시도 가만있지 못하는 모습으로 묘사된다.

이 흔한 속설을 뒷받침하는 근거는 어디에도 없다. 설탕 섭취와 행동의 변화 사이에 아무 관련이 없다는 연구만 해도 열두 개가 넘는다.

참고로 이런 연구는 이중 은폐double blind 방식으로 진행해야만 정확한 결과를 도출할 수 있다. 실험에 참여한 아이들 자신은 물론, 실험자조차 어떤 아이들이 가짜 설탕인 플라세보placebo를 섭취했는지 몰라야 한다. 그래야만 실험자가 편견 없이 실험 결과를 해석할 수 있다. 결론적으로 말하면 ADHD 진단을 받은 아이들이나 자신의 아이가 설탕에 민감하다고 생각하는 부모의 아이들에게서도 설탕이 끼친 영향은 드러나지 않았다.

이러한 연구를 통해 알게 된 사실이 있다. 설탕과 아이의 과잉 행동 사이의 상관관계에는 부모의 기대가 개입한다는 점이다. 부모는 자녀가 설탕을 섭취했다고 여기면 아이들의 과잉 행동을 더욱 눈여겨봤는데, 그것이 바로 부모가 기대하는 행동이기 때문이다. 물론 부모가 뜬금없이 이러한 기대를 하는 것이 아니다. 상관관계와 인과관계를 혼동하는 것이 과학적 결과를 해석하는 과정에서 저지르는 대표적인 문제다. 상관관계란 두 가지의 요인이 시간이나 장소에 따라 같은 방식으로 변화하는 관계를 말한다. 하지만 우리는 종종 상관관계를 '인과관계'로 오해하고는 한다. A가 B를 일으킨 원인이라고 생각하는 식이다. 사실 A가 B를 일으킨 것이 아니며, A와 B 모두 제3의 요인에 의해 초래된 결과일 수도 있는데 말이다. 마찬가지로 자료가 너무 많으면 두 측정값이 순전히 우연한 방식으로 함께 변화하면서 서로 연관성이 있는 것처럼 보이기 때문에 터무니없는 상관관계가 넘쳐나게 된다. 오늘날 우리는 워낙 방대한 자료 속에서 살아간다. 그래서인지 앞뒤가 맞지 않는 상관관계가 아주 수두룩하다. 허위 상관관계를 그래프로 나타낸 웹사이트가 개설되었는데, 들어가 보면 치즈를 먹으면 이불에 뒤엉켜 사망에 이른다는 그래프가 올라와 있다. 또한, 미국 메인주의 마가린 소비량이 이혼율과 상관관계가 있다고 말한다.

설탕과 아이들의 과잉 행동 사이에 유의미한 상관관계가 있다고 생각하는 건 제3의 요인에 의해 발생할 가능성을 간과했기 때문이 아닐까. 아이들이 설탕을 평소보다 많이 섭취하는 상황을 떠올려 보면 주로 생일 파티, 축하 행사, 보상으로 간식을 받을 때다. 이럴 때는 설탕을 평소보다 많이 섭취하는 이유가 사람을 들뜨게한 원인일 수 있다. 아이들이 생일 파티를 하기 때문에 흥분한 것이지, 설탕을 많이 먹어서가 아니라는 의미다.

물론 설탕을 많이 섭취해도 좋다는 뜻은 아니다. 충치, 심장병, 당뇨병의 위험을 증가시키므로 설탕 섭취를 줄여야 할 이유는 많다. 하지만 과잉 행동을 막기 위해 설탕을 적게 먹어야 한다는 건 아니다. 요즘은 과잉 행동의 원인으로 과자의 착색료가 지목받기도 한다. 유럽 연합에서는 좋든 나쁘든 모든 식품첨가물에 E넘버라는 일련번호를 표시하는데, E102 또는 타트라진tartrazine이라 부르는 색소가 그 주인공이다. 사람들은 '식품에 첨가된 물질'이라면 전부 몸에 유해할 것으로 생각한다. 그래서 타트라진에 E넘버가 붙었다는 사실 자체가 소비자들의 의심을 사고도 남았다. 그러나 이것은 잘못된 믿음에 가깝다. 예컨대 E300은 비타민C이기 때문이다.

타트라진은 수많은 천연 착색료에 비해 가격이 저렴한 데다 매우 안정적이라 한때 식용 색소로 널리 사용되었다. 하지만 아동기 과잉 행동에 관한 연구가 두 차례 진행되고 나서 평판이 나빠졌다. 그 후로 현재까지 타트라진의 사용이 대대적으로 중단되었다. 그러나 다른 연구에서는 상반된 결과가 나오기도 했다. 다만, 설탕에 관한 연구와는 달리 타트라진과 과잉 행동 사이에는 명백한 증거나 연결고리가 없다. 가장 타당한 증거에 따르면 타트라진이 과잉 행동에 영향을 준다고 해도, 그것은 타트라진 하나만의 문제가 아니라는 점이다. 그렇지만 혹시라도 타트라진이 원인으로 작용할 수 있으므로 대규모 사용을 금지한 것 역시 새삼스러운 일은 아니다.

중세 시대에는 모든 사람이 지구가 평평하다고 생각했다

우리는 가끔 중세 시대의 과학 수준을 오해한다. 중세 사람들은 종교의 억압에 지구가 평평하다고 믿을 만큼 과학적으로 무지몽매했을 것이라고 생각한다. 하지만 이 믿음은 사실과 다르다. 중세 시대에도 제대로 된 교육을 받은 사람들은 대부분 지구가 구형이라는 것을 알고 있었고, 이는 고대 그리스 시대에도 이미 알려진 사실이었다.

지구가 둥글다는 것을 초기에 관찰한 사람들이 제시한 증거는 두 가지가 있다. 하나는 전 세계 이곳저곳을 이동하다 보면 밤하늘 별의 위치가 달라진다는 점이다. 심지어 생전 처음 보는 별들도 있었을 것이다. 또 다른 하나는 바닷길로 이동하다 보면 저 멀리 육지나 섬이 수평선 너머에서 떠오른다는 점이다. 돛대에 올라간다면 갑판에 있는 사람들보다 먼저 목적지를 볼 수 있었을 테고, 이는 지구 표면이 둥글다는 증거다.

이것에 대한 자세한 설명은 영국의 신학자이자 철학자인 로저 베이컨Roger Bacon이 1267년에 쓴 백과사전 형식의 책, 『대저작Opus Majus』에 등장한다. '돛대 꼭대기에 있는 사람은 갑판에 있는 사람보다 먼저 항구를 본다. 우리는 많은 경험을 통해 이 사실을 알게 되었다. 갑판에 있는 사람의 시야를 방해하는 무언가가 여전히 존재한다. 하지만 불룩하게 솟아오른 수평선 외에는 아무것도 없다.'

누가 이 현상을 처음으로 관찰했는지는 확인할 방법이 없다. 피타고라스가 '첫 발견'의 타이틀을 거머쥐기는 했지만, 우리는 역사적으로 피타고라스Pythagoras에게 너무 과분한 영광을 돌리는 경향이 있다. 시간을 거슬러 올라가 기원전 4세기경, 플라톤Plato이 쓴 저서에는 지구를 공에 빗대어 설명하는 문장이 등장한다. 기원전 3세기까지 가면 에라토스테네스Eratosthenes가 위치가 다른 두 도시에서 정오에 태양의 각도를 측정해 지구의 둘레를 쟀다는 사실도 기록되어 있다. 당시 에라토스테네스가 추정한 지구의 둘레는 약 4만 2천 킬로미터였다. 킬로미터가 원래 북극에서 적도까지의 거리를 1만분의 1로 축소한 것이라 정의한다면 에라토스테네스의 결론은 제법 신뢰도 높은 수치다.

우리가 중세 시대의 과학 수준을 오해하는 이유는 또 있다. 바로 그 시대에 제작된 지도 때문이다. 당시에는 지도 중 일부를 항해용이 아닌 '개념 관계'를 설명하려고 만드는 경향이 있었다. 헤리퍼드 대성당에 남아 있는 세계지도 마파 문디Mappa Mundi가 그 대표적인 예다. 이 지도는 1300년경에 만들어졌는데, 예루살렘을 중심에 두고 지구를 마치 평평하게 그린 것처럼 보인다. 하지만 여기에는 예루살렘의 위치를 종교의 중심지로 나타내려는 의도가 담겨 있다. 또한 회화의 원근법 개념이나 평면에 지도를 정확하게 구현하는 기술이 당시에 발달하지 못한 탓도 있었다.

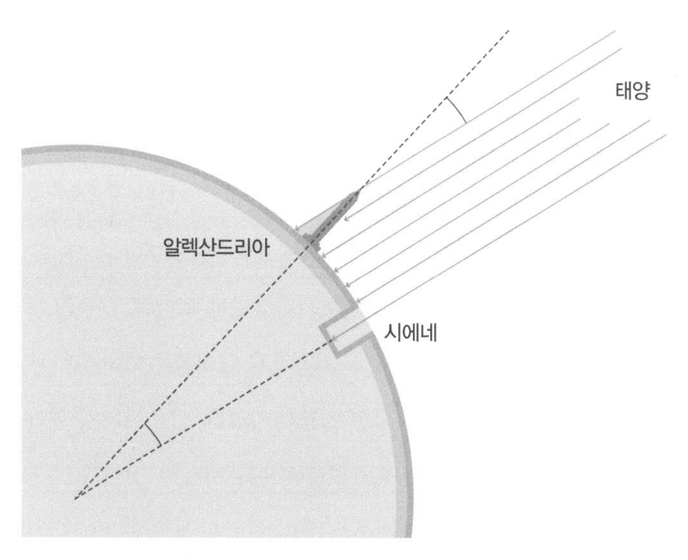

에라토스테네는 두 지점에서 태양의 각도 차이를 이용해 지구의 둘레를 잼음

'지구가 평평하다고 믿는 온 무식한 중세 사람들'의 이야기는 종교의 비합리성을 증명하기 위해 19세기의 사람들이 의도적으로 꾸며낸 것이다. 이 속설의 출처는 1828년 미국의 작가인 워싱턴 어빙Washington Irving이 출간한 『크리스토퍼 콜럼버스의 삶과 항해의 역사A History of the Life and Voyages of Christopher

Columbus』라는 책이다. 텔레비전 프로그램으로 치면 드라마 형식을 빌린 다큐멘터리에 비교할 수 있겠다. 책에는 극적인 요소를 가미하려고 콜럼버스Columbus와 가톨릭교회가 지구의 모양을 두고 논쟁을 벌였다고 날조하는 등, 허구의 내용으로 가득 차 있다.

초기의 과학사학자들은 그 후 몇 년에 걸쳐 중세의 무지를 드러내기 위한 목적으로 이야기를 지어내는 데 힘썼다. 예를 들어 미국의 역사학자 앤드류 딕슨 화이트Andrew Dickson White는 1896년 그의 작품 『기독교 세계에서 과학과 신학이 벌인 전쟁의 역사A History of the Warfare of Science with Theology in Christendom』에서 그 허구적 이야기를 중요한 소재로 삼았다. 이 속설을 퍼뜨린 사람들에게 역사적 사실은 중요하지 않았다. 역사보다는 반종교적인 정서가 이 속설에 힘을 실어 주었을 것이다. 만약 종교적 근본주의자들이 이 모든 것을 부정한다 해도, 이를 믿는 사람들은 가짜 증거마저 이용할 준비가 되어 있었다.

끝으로, 1633년에 출간된 존 던John Donne의 시 「신성한 소네트 7번Holy Sonnet VII」에 나오는 첫 대목을 읊고자 한다. 우리는 이를 통해 지구에 대한 중세 시대의 관점을 명확히 알 수 있을 것이다.

"둥근 지구, 그 가상의 모서리에서 …"

유리는 찐득찐득한 액체다

가끔 사이비 과학은 과학이라는 이름 아래 아주 그럴듯한 흥밋거리가 된다. 그러나 이렇게 입이 떡 벌어질 만큼 신기한 '정보'들은 얼마 안 가 거짓으로 밝혀지기 마련이다. 유리는 점성이 높은 액체로, 끈적거리며 들러붙는 성질 때문에 아주 느린 속도로 흘러내린다는 생각이 여기에 해당한다.

20세기 사람들은 이것을 상식이라 여겼다. 물론 유리가 물줄기처럼 빠르게 주르륵 흐른다는 뜻이 아니다. 워낙 걸쭉하고 끈적이는 액체라서 그 움직임을 감지하는 데 수백 년이 걸린다는 의미다.

이런 말도 안 되는 속설이 퍼지게 된 데에는 이유가 있다. 오늘날, 중세 시대에 만든 창유리를 틀에서 떼어보면 대체로 아랫부분이 윗부분보다 더 두껍기 때문이다. 당시 20세기의 사람들은 이것을 보고 중력 작용으로 인해 유리가 아래로 흘러내린 것이라 믿었다. 이는 매우 느리게 진행되는 과정이며, 수백 년이 지난 후에야 관찰할 수 있는 것이라 생각했다.

훗날 이 이론은 완전히 다른 원인으로 인한 현상을 잘못 해석한 것으로 밝혀졌다. 플로트floart라고 부르는 지금의 판유리는 1950년대에 영국의 필킹턴이라는 곳에서 생산하기 시작했다. 놀랍게도 플로트가 생산되기 전까지는 두께가 일정한 유리판을 만드는 기술이 없었다고 한다. 그래서 중세 시대에는 두께가 고르지 못한 유리 조각을 하나하나 틀에 끼워 창문을 만들었다. 작은 판유리를 끼워 넣을 때 제일 두꺼운 부분이 아래에 놓이도록 했는데, 이렇게 해야 유리를 가장 안정적으로 끼울 수 있기 때문이었다. 그러니, 유리는 몇백 년에 걸쳐 아래로 흘러내리지 않았다. 그랬던 적이 단 한 번도 없었던 것이다.

물론 유리와 다른 고체 물질 사이에는 차이점이 있다. 유리는 '비결정 고체'이기 때문이다. 우리가 잘 아는 일반적인 고체는 전자기 결합이 원자를 어느 정도 제자리에 고정해 두기 때문에 액체와는 구분된다. 또한 많은 고체는 규칙적인 패턴을 가지고 있다. 이는 결정 구조에서 볼 수 있는데, 원석처럼 친숙한 반투명 결정체와 연필심에 사용되는 흑연처럼 우아한 느낌이 덜한 고체에도 적용된다. 하지만 비결정 고체인 유리는 내부 구조가 규칙적이지 않다. 원자 역시도 불규칙하고 무질서한 방식으로 연결되어 있다.

비결정 고체는 액체가 아주 빠른 속도로 식을 때 형성된다. 예를 들면 마그마가 급격히 식을 때처럼 말이다. 우리가 일상생활에서 사용하는 유리는 대부분 실리카로 만들어진다. 실리카는 발에 챌 정도로 널린 이산화규소의 다른 이름이다. 모래의 주요 구성 성분인 '석영'의 형태로 존재한다.

어쨌든 유리는 점성이 있는 액체가 아니다. 그런데 실제로 액체인데도 아주 천천히 흐르는 물질이 있다. 대표적인 것이 바로 피치pitch다. 피치는 아스팔트나 송진, 타르를 의미하는 용어다. 이 물질로 진행한 아주 유명한 실험이 있다. 바로 피치 낙하 실험The pitch drop experiment이다. 1927년, 호주의 퀸즐랜드 대학교에서 시작한 이 실험은 지금까지도 계속 진행되고 있다. 비커 위에 피치를 가득 담은 깔때기를 올려놓고 피치 방울이 떨어지는 것을 관찰하는 실험이다. 실험이 시작되고 현재까지 깔때기에서 떨어진 피치는 총 아홉 방울이다. 2014년 4월에 아홉 번째 방울이 떨어졌으며 열 번째 방울은 2020년대 후반쯤에 떨어질 것으로 예상된다.

혹시 너무 심심해서 방바닥만 긁고 있다면 아래의 QR을 찍어보기를 바란다. 피치 낙하 실험을 실시간 영상으로 볼 수 있다.

과거에 살았던 사람을 전부 합해도 지금 인구수가 더 많다

1970년대부터 지금까지 사람들 입에 오르내리는 여전한 '사실'이 있다. 그건 바로 인류 역사를 통틀어 지금처럼 인구가 많았던 적은 없었다는 것이다. 인구 규모를 보면 확실히 충격적이다. 이 책을 쓰는 지금 시점을 기준으로 지구상의 인구는 약 80억 명이다. 선뜻 이해하기 어려운 숫자다. 만약 당신이 지구상의 인구를 1초에 한 명씩 센다면 약 250년이 걸릴 것이다. 물론, 그전에 당신을 포함한 모두가 이 세상 사람이 아닐 테지만.

지구의 인구수가 급격히 증가했다는 것은 틀림없는 사실이다. 앞서 8장에서 언급했듯 19세기 초에는 전 세계 인구가 고작 10억 명에 불과했다. 1920년대가 되자 20억 명에 도달했고, 1960년에는 30억 명을 돌파했다. 이대로 인구수가 더 늘어나면 지구상의 자원이 다 고갈되는 것이 아닌가 싶은 생각도 들지만 실제로는 다행히 증가 속도가 주춤하는 중이다. 지금 추세대로라면 금세기 말까지 100억 명에서 120억 명까지 인구가 증가할 테고, 그 이후에는 감소세로 돌아설 것으로 보인다.

인구 증가 속도가 워낙 빨랐기 때문에 현재 살아 있는 사람의 수가 지금껏 죽은 사람의 수보다 많다고 생각하기 쉽다. 하지만 우리가 인구의 크기를 좀 더 넓게 본다면 그것은 사실이 아니다. 물론, 우리가 전에 살았던 사람보다 지금 살아있는 사람의 수가 더 많다고 말할 수 있는 부분도 더러 있다. 예를 들어 지금껏 지구상에 존재했던 과학자의 약 90퍼센트는 아직 생존해 우리와 함께 살아가고 있다. 역사상 어느 때보다 과학자 수는 지금이 압도적으로 많다. 그러나 전체 인구 규모를 생각하면 이야기는 달라진다.

호모 사피엔스는 30만 년 전부터 존재해 왔다. 우리는 이 사실을 꼭 기억해야 한다. 처음에는 인구수가 상대적으로 적었다. 게다가 인류가 진화한 이후, 지구 기후가 급격히 변화한 시기가 몇 번 있었다. 그에 따라 전체 인구수가 곤두박질쳤고, 지구상에 인류라는 존재는 고작 수천 명에 불과했을 것이다. 그렇기는 해도 호모 사피엔스가 하나의 종으로 처음 등장한 뒤부터 지금껏 약 1천 200억 명의 '사람'이 지구상에 살았던 것으로 추정된다. 이는 미국 인구조회국PRB이라는 비영리 인구통계연구소에서 어림잡은 수치다.

이 수치를 다소 부풀려 어림잡았다고 해도, 지금까지 살아온 총인구수를 160억 명보다 적게 추산하기란 매우 어렵다. 이는 현재의 80억 명과 지금의 인구수보다 적은, 이전에 살았던 사람들의 수를 더해 얻을 수 있는 가장 큰 값이다.

에이다 러브레이스는 세계 최초의 프로그래머다

최근 과학 기술의 역사에서 이루어 낸 커다란 진전 중 하나는 뛰어난 업적을 이루었지만 인정받지 못한 '수많은 여성'을 발굴한 것이다. 그렇게 세상에 알려지게 된 주요 인물 중 한 명이 바로 에이다 러브레이스Ada lovelace다.

오거스트 에이다 바이런August Ada Byron이라는 본명을 가진 그녀는 악명 높은 시인 바이런Byron과 앤 이사벨라 바이런Anne Isabella Byron 사이에서 태어난 외동딸이다. 어려서부터 수학에 재능을 보여 학부생 수준의 수학 교육을 받았고, 이후에도 수학 분야에서 발전을 거듭해 나갔으나, 정작 이 분야에서 일한 적은 없었다.

1853년, 그녀는 윌리엄 킹William King 남작과 결혼했다. 결혼 이후 그녀의 귀족 혈통 덕분에 남편이 작위를 받으면서 러브레이스 백작Earl of Lovelace이 되었고, 뒤따라 그녀도 러브레이스 백작 부인 에이다 킹 Ada King, Countess of Lovelace이 되었다. 혼란스럽겠지만, 백작Earl 부인은 countess다. 이는 잉글랜드에 왕조를 세운 노르만족이 백작을 프랑스식으로'Count'가 아니라 앵글로 색슨 식으로 훗날 'Earl'가 되는'Eorl'을 계속 썼기 때문이다. 아마도 피정복민 앵글로 색슨족의 상스러운 말투를 피하기 위한 목적인 듯하다.

러브레이스는 찰스 배비지Charles Babbage와 친분이 두터웠는데, 그는 두 대의 기계식 컴퓨터를 개발한 인물이다. 개발만 했지, 완성은 못 했다. 배비지가 고안한 차분기관Difference Engine은 정교한 기계식 계산기다. 그의 생전에 완성되지 못했지만 1990년대에 런던의 과학 박물관에서 그의 설계를 바탕으로 작동 모델을 완성했다. 하지만 현대인의 눈길을 단숨에 잡아끈 것은 배비지의 해석기관Analytical이었다. 이 기계는 차분기관과 달리 프로그래밍을 할 수 있는 컴퓨터로, 현대의 컴퓨터에 더 가까운 모델이었다. 그렇지만 해석기관은 당시의 기술 수준을 넘어서는 공학적 정밀도를 요구했다. 그러니 그 시기에는 제작될 수 없었던 것이 당연할 법도 하다.

러브레이스와 배비지는 수년간 가까운 사이로 지냈다. 배비지는 사회적 지위가 그리 높지 않아 러브레이스의 결혼 상대가 될 수 없었는데도, 러브레이스가 킹과 결혼하기 전에 배비지와 그렇고 그런 사이였다는 소문도 돌았다. 그러나 두 사람은 확실히 해석기관을 두고 의견을 나누었다. 곧이어 러브레이스는 기계 장치에 관해 프랑스어로 집필된 논문을 영어로 옮겼다. 당시에는 유명하지 않았던 이탈리아의 군사 기술자, '루이지 페데리코 메나브레아'가 쓴 논문이었다. 그는 훗날 이탈이아의 총리에 올라 더욱 이름을 떨치는 인물이다. 메나브레아는 배비지가 토리노에서 강연한 내용을 바탕으로 논문을 작성한 터였다. 하지만 러브레이스는 단순히 논문을 번역하는 데 그치지 않았다. 해석기관을 활용할 수 있는 구체적인 용도와 잠재적 기능을 주석으로 덧붙여 영어판 논문의 길이를 세 배로 늘린 것이다.

러브레이스가 최초의 프로그래머라는 속설은 이러한 배경과 사례에 근거한다. 하지만 여기에는 두 가지 문제점이 있다. 첫 번째, 논문에서 그녀가 설명한 것은 프로그램이 아니라 알고리즘이다. 알고리즘은 어떤 작업을 수행하기 위한 절차를 의미하며, 단순히 명령어의 집합이라고 볼 수 있다. 그러니 당연히 컴퓨터 프로그램의 기초는 이 알고리즘으로부터 시작된다고 말할 수도 있겠다. 실제 프로그램은 알고리즘을 컴퓨터에서 실행 가능한 구체적인 명령어로 변환한다. 알고리즘을 다룬 논문에 적힌 예제를 프로그램이라고 부를 수 있다고 해도, 러브레이스가 그 예제를 글로 썼다는 이유만으로 그녀를 최초의 프로그래머라고 볼 수는 없다. 또한 그 논문에는 배비지가 강의할 때 자세히 설명한 몇 가지 알고리즘이 적혀 있었는데, 이마저도 배비지가 수년 전에 개발한 것들이었다. 러브레이스가 주석으로 달아둔 알고리즘 중 독창적이라고 평가받는 것은 단 하나뿐이다.

실제로 구현하지 못한 기술이지만, 그 기술의 가능성을 드높인 러브레이스의 공적을 깎아내릴 생각은 없다. 하지만 현실을 왜곡하지는 말아야 한다는 의미다. 러브레이스가 개발한 것은 엄밀히 따지면 프로그램이 아니라 알고리즘이었고, 이마저도 처음 개발한 사람이 배비지였다는 사실에는 의심의 여지가 없다. 그리고 진정한 프로그래머로 인정받는 최초의 인물은 몇십 년 뒤에야 등장하게 된다.

박쥐는 앞을 못 본다

우리는 가끔 눈이 나쁜 사람들을 향해 '박쥐처럼 눈이 어둡다'는 표현을 사용한다. 만약 인간이 박쥐처럼 어두운 동굴에서 살았다면 분명 시력에 문제가 생겼을 것이다. 하지만 박쥐는 그러한 환경 속에서도 아주 잘 자란다. 그러므로 박쥐가 앞을 못 본다는 속설은 당연히 진실이 아니다.

박쥐는 우리 눈에 이리저리 불규칙하게 날아다니는 것처럼 보인다. 마치 앞을 보지 못하는 것처럼 말이다. 하지만 실제로 박쥐는 비행 중에 재빠르게 방향을 전환할 수 있는 위치 통제력이 탁월하다. 이는 박쥐가 위치를 정확히 인식한다는 점을 의미한다.

박쥐는 날아다니는 먹이를 사냥할 때 다른 포식자들처럼 시력에 의존하지 않는다. 반향정위echolocation라는 놀라운 능력을 갖추고 있기 때문이다. 반향정위는 소리를 이용하는 능력이지만, 청각과는 완전히 다른 감각이다. 예컨대, 박쥐가 내는 빠르고 높은 소리가 물체에 반사되어 돌아오면, 박쥐의 뇌는 그 소리를 포착해 주변 환경의 모습을 그리는 방식이다. 이처럼 박쥐는 실명과 같은 특정 감각이 제한을 받는 상황에서 주변 세계를 경험하는 것이 아니라, 그와는 정반대로 전혀 새로운 감각인 반향정위를 활용한다.

박쥐가 되어 본다는 것은 어떤 느낌이고, 박쥐가 아는 것은 무엇일까? 이 질문은 미국의 철학자 토머스 네이글Thomas Nagel이 1974년, 자신의 논문 「박쥐가 된다는 것은 어떤 것일까?What is it Like to be a Bat?」에서 던진 질문이다. 철학자나 신경과학자가 연구하더라도 여전히 복잡하고 까다로운 주제인 '의식의 본질'을 탐구하고자 한 논문이었다. 예컨대 박쥐가 자아를 인식한다면 자신이 박쥐로 살아가는 것이 어떤 느낌인지 명확하게 알 수 있지만, 인간으로 살아가는 우리는 그 느낌을 이해할 수 없다는 것이다.

물론 우리도 반향정위의 작동 원리 정도는 안다. 하지만 박쥐는 짧고 주파수가 높은 '딸깍' 소리를 연속해서 내는데 사람의 귀로는 이 초음파를 들을 수 없다. 사람이 들을 수 있는 소리는 약 20에서 2만 헤르츠 범위지만 박쥐는 10만 헤르츠 이상의 소리를 낼 수 있기 때문이다. 그러므로 반향정위를 이용하기 위해 내는 소리는 대부분 인간의 청각 범위 밖에 있다.

박쥐의 '딸깍' 소리는 주변 물체에 부딪혀 되돌아오고, 반사된 소리는 박쥐의 크고 돌출된 귀에 잘 들린다. 이렇게 박쥐는 수신 신호의 세기와 양쪽의 귀가 각각 포착하는 신호의 타이밍과 정도를 조절해 주변의 모습을 파악할 수 있다.

여기서 인간의 감각을 중심으로 구축된 언어가 그만 힘을 잃고 만다. 나는 박쥐가 '모습을 그려낸다'고 말했지만, 사실 모습이라는 말은 시각이 받아들인 정보를 의미한다. 마찬가지로 박쥐가 타이밍과 세기를 이용한다고 해서 이를 음향 탐지기가 측정하는 방식과 같다고 생각해서는 안 된다. 또 반향정위를 이용해 주변 환경을 감지한다고 해서 컴퓨터 앞에 앉아 정보를 분석하고 의미를 파악한다고 생각해서는 안 된다.

네이글의 주장처럼 박쥐로 산다는 것이 어떤 느낌인지 알 수 없다. 하지만 우리가 시각 정보로 이해하는 것과 박쥐의 머리에서 일어나는 일에는 비슷한 점이 분명 있다. 우리는 카메라가 사진을 찍듯 실물 그대로의 세상을 바라보지 않는다. 그 대신 뇌는 눈으로 들어오는 모양, 윤곽, 빛이나 색의 차이 같은 다양한 시각 정보를 조합하고 해석해서 우리가 세상을 '보는' 경험을 만들어낸다. 그렇다면 박쥐도 반향정위를 이용해 우리와 비슷한 방식으로 세상을 폭넓게 '바라본다'고 짐작할 수 있다.

박쥐가 눈에 뵈는 것이 없다니, 절대 그렇지 않다.

무지개는 일곱 빛깔이다

초등학생과 성인에게 물어봤을 때 똑같은 답을 얻을 수 있는 과학적 질문은 바로 '무지개는 몇 가지 색깔일까?'이다. 누구나 이 질문을 받는다면 바로 '일곱'이라는 대답을 할 것이다. 심지어 우리는 '빨주노초파남보'라는 색의 앞 글자를 따 간결하게 일곱 색깔을 기억하는 연상법까지 배웠다.

하지만 조금만 더 생각해 보면 이 일곱 빛깔이 무지개의 실제 모습과 다르다는 것을 금방 깨닫게 된다. 실제로 무지개를 보면 뚜렷이 구분되는 색이 다섯 가지나 여섯 가지밖에 안 되고, 특히 마지막의 세 가지 색은 구분하기도 어렵다. 어떤 색상표를 봐도 알 수 있듯이 색은 일곱 가지보다 훨씬 많고 다양하다.

숫자 7의 출처는 그 유명한 아이작 뉴턴이다. 뉴턴의 이름을 듣는 순간 사과와 함께 운동 법칙과 중력이 떠오를 것이다. 하지만 뉴턴은 빛과 색에 관한 연구도 상당히 많이 했는데, 태양의 흰 빛은 무지개 스펙트럼의 색깔이 섞인 것임을 처음으로 알아낸 사람이다. 뉴턴은 어째서 무지개의 색이 일곱 가지라고 정했는지 정확히 알 수는 없지만, 음악과의 유사성에 영향을 받았다는 것만은 분명하다.

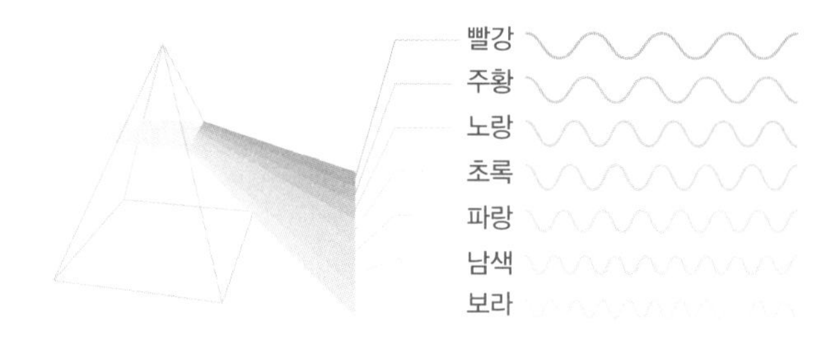

악보는 옥타브Octave로 나뉘고, 옥타브라는 이름은 8을 뜻하는 Oct에서 유래했다. 이 이름처럼 옥타브는 7음계를 지나 다시 시작음으로 돌아오는 8음계를 말한다. 과학자들은 자연법칙과 음악 사이의 유사성을 중요한 일로 여겼으며, 뉴턴 역시도 자연에는 7음계에 해당하는 일곱 가지의 색이 있어야 한다고 느꼈던 것 같다.

재미있는 사실은 뉴턴이 백 년 일찍 무지개 스펙트럼을 발견했다면 색을 이렇게 조합하지는 못했을 거라는 사실이다. 그 당시에는 오렌지라고 불리는 색이 없었기 때문이다. 오렌지는 과일의 이름이었지, 색이 아니었다. 그때는 우리가 오렌지라고 부르는 색을 단순히 붉은색의 일종으로만 생각했다. 그래서 맹금류인 붉은 연red kite의 깃털과 울새의 가슴 부분처럼 우리가 붉다고 말하는 자연의 색 중에는 정확히 오렌지색이 있는 것이다.

색의 본질은 우리가 색을 감지하는 방식과 떼려야 뗄 수 없는 관계다. 이러한 무지개의 색깔은 흰색 빛을 구성하는 색이 분산되어 나타난 것이므로, 모든 색을 포함하고 있지 않다. 그러면 갈색이나 자홍색은 어디에 있을까? 이것을 이해하기 위해서는 '색'이라는 것이 무엇인지부터 낱낱이 살펴봐야 한다. 색이란 사물의 본질적인 측면일까? 아니면 인식의 문제일까? 우리가 물체의 색이라고 생각하는 것은 물체가 흡수하지 않은 빛의 색인데, 이는 상당한 혼란을 일으킨다.

빛이 없다면 색의 개념은 아무런 의미가 없다. 빛의 색은 빛을 구성하는 광자의 에너지 크기로, 빛을 파동이라고 한다면 빛의 색을 파장이나 진동수라고 생각할 수 있다. 파장이 짧고 진동수가 높고 에너지가 클수록 스펙트럼의 파란색에 있고, 빨간색으로 갈수록 에너지가 점점 낮아진다.

가시광선의 모든 색은 빨강, 초록, 파랑이라는 삼원색으로 만들 수 있다. 휴대전화 액정화면이나 텔레비전을 볼 때 화면을 구성하는 작은 점인 화소는 각각 빨강, 초록, 파랑 이렇게 빛의 삼원색으로 이루어져 있으며, 빛의 밝기를 조절해 색을 표현한다. 대부분의 현대식 기기는 삼원색 하나하나마다 256단계로 밝기 조절이 가능하다. 따라서 약 1,680만 가지 색상을 지원한다. 뉴턴은 저리 가라다.

하지만 우리는 초등학교에서 빨강, 노랑, 파랑을 색의 삼원색이라 배운다. 초록은 어떻게 노랑이 되었을까? 그것은 앞서 언급한 '흡수되지 않은 빛' 때문이다. 빨간 사과를 보고 있다고 치자. 흰색 빛은 모든 색을 포함한다. 하지만 사과는 빨간빛만 반사하고 나머지를 흡수한다. 이것은 우리가 염료로 쓰기 위해 섞어야 하는 색은 빛의 삼원색과 정반대인 색의 삼원색이다. 색의 삼원색은 빛의 삼원색을 섞으면 나오는 색으로, 2차색이라고도 한다. 색의 삼원색은 마젠타magenta, 노랑yellow, 시안cyan이다.

자, 드디어 끝이 보인다. 마젠타와 노랑, 시안은 프린터 잉크 카트리지에서 보던 이름이라 익숙하지만, 어린이들이 배우기에는 전문적인 용어라고 판단했던 모양이다. 그래서 전혀 다른 색임에도 불구하고 마젠타가 빨강으로, 시안이 파랑으로 바뀐 것이다.

사람이 죽은 후에도 머리카락과 손톱은 계속 자란다

고전 공포 영화에서 잊을만하면 불쑥 나오는 섬뜩한 장면이 있다. 소름끼치는 음악 소리가 점점 커지고 낡은 관뚜껑이 덜컹거리며 열린다. 관 속에는 헝클어진 긴 머리에 구불구불 긴 손톱을 가진 바싹 말라버린 시체가 누워있다. 머리카락과 손톱은 사람이 죽은 후에도 자란다고 누구나 알고 있기 때문에 이런 장면이 연출된다.

이러한 생각은 과장된 장면을 연출한 영화에만 나오는 것이 아니다. 1929년에 출간된 에리히 마리아 레마르크Erich Maria Remarque의 소설, 『서부 전선 이상 없다All Quiet on the Western Front』에서도 죽은 친구의 손톱이 '길게 돌돌 말린 코르크 스크류처럼 자랄 것'이라며 주인공이 상상하는 장면이 나온다.

살아있는 사람의 머리카락은 한 달에 10에서 15밀리미터 정도 자란다. 손톱은 머리카락보다 성장 속도가 더디긴 해도, 한 달에 3에서 4밀리미터씩은 자란다. 머리카락과 손톱여기서 손톱에 관해 언급하는 내용은 발톱에도 모두 적용되지만, 발톱은 어찌 된 일인지 사후 성장에서 손톱처럼 관심을 얻지 못한다은 구성 물질이 같고 겉모습만 다른데, 머리카락의 구조가 손톱의 구조보다 유연하다. 둘 다 주요 구성 성분이 알파 케라틴alpha-keratin이라는 단백질이다. 피부 표피층에서도 발견되는 이 만능 물질은 피부가 긁히거나 쓸리지 않도록 보호하고 주위를 막아주며, 손톱과 발톱 같은 단단한 구조에서는 물체를 잡거나 뜯어내는 기능을 수행한다.

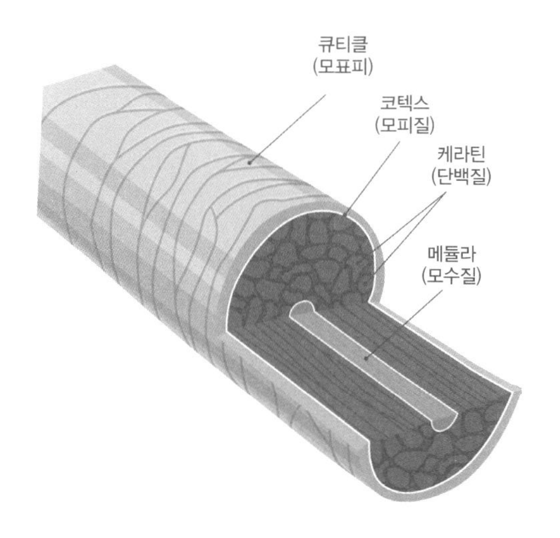

머리카락과 손톱이 자라는 이야기를 하고 있자니 머리카락과 손톱이 무슨 식물이나 생명체인 것 같지만, 플라스틱 조각이나 침 한 방울과 다를 바 없다. 자라는 것이 아니라 밀려 나온다고 보는 것이 더 낫기 때문이다. 피부 아래 오목한 부분에서 살아 있는 세포가 죽은 세포를 밀어내며 만든 구조물이기 때문이다. 그러므로 머리카락과 손톱은 이미 죽은 상태다. 이런 이유로 머리카락에 영양을 공급해줄 제품이라고 홍보하는 광고는 스스로 제 무덤을 파는 격이다. 살아있지 않은 것에 영양을 공급할 수 없으니 말이다.

하지만 모근에 있는 세포처럼 살아 있는 세포에는 영양분을 줄 수 있다. 이 세포들은 단단한 구조물을 밀어내기 위해 에너지가 필요한데, 일반적으로 에너지는 산소와 포도당이 연소 반응을 거칠 때 생성된다. 일단 사람이 죽으면 에너지는 공급이 끊기고, 머리카락과 손톱은 성장을 멈춘다. 사망 이후에 모든 세포가 똑같은 속도로 기능을 멈추는 건 아니지만, 피부 세포와 모근 세포는 뇌세포보다 오래 생존한다. 하지만 그렇더라도 결국 몇 시간만 있으면 돌아오지 못할 강을 건너게 된다. 죽어서도 계속 자란다는 사후 성장에 관한 속설은 어디서 생겨났을까? 다시 공포 영화로 돌아가 보자.

머리카락과 손톱은 시체를 매장했을 때보다 그 이후에 더 길어 보이는 것은 사실이다. 이것은 상대적 움직임의 문제다. 머리카락과 손톱이 밀려 나오는 것이 아니라, 그 주변을 둘러싼 피부와 연조직이 탈수 현상으로 수축하는 것이다. 머리카락이나 손톱과 다르게 우리 몸은 많은 양의 수분으로 이루어져 있다. 그런데 죽고 나면 이 수분이 서서히 빠져나가는 것이다. 그 결과, 머리카락과 손톱은 사망 시점보다 얼마쯤 시간이 흐른 뒤에 더 길어 보인다.

하지만 이러한 사실은 공포 영화에서 관이 열리며 보이는 시신의 손톱과 머리카락의 엄청난 성장에 대해 설명하지 못한다. 특수분장 디자이너가 극적인 효과를 내려고 과장해서 연출했기 때문이다. 실제로 시신에서 손톱이 자라는 모습은 훨씬 시시하다.

사람의 혈액에 산소가 부족하면 색이 파랗게 변한다

손등에 있는 핏줄인 정맥을 보라. 말할 것도 없이 파란색이다. 또 일련의 역사적 이유로 우리는 귀족들을 푸른 피blue-blooded라고 부른다. 하지만 피가 파란색인 사람은 아무도 없다. 피는 언제나 빨간색이니 말이다. 물론, 세상의 모든 종의 피가 빨갛기만 한 것은 아니다. 거미나 갑각류, 오징어, 문어 같은 두족류는 피가 파랗다. 이들은 산소를 운반하는 데 헤모글로빈 대신 헤모시아닌haemocyanin이라는 화학물질을 사용하기 때문이다. 사람의 피는 어느 때나 빨간색이 분명하지만, 가끔 다른 색깔14장 참고을 띠기도 한다. 산소 공급이 원활한 동맥에서는 빨간색이고, 산소가 부족한 정맥의 피는 검붉은색을 띤다.

자, 그렇다면 파란 핏줄과 푸른 피의 귀족에 관한 수수께끼가 남았다. 놀랍게도 하늘이 파랗게 보이는 것과 같은 이유로 핏줄 역시도 파랗게 보인다. 햇빛은 무지개의 색깔들이 한데 섞여 흰색으로 보인다. 공기나 피부와 같은 물질들은 빛을 산란한다. 여기서 산란이란, 태양 빛이 원자와 부딪혀 반사되어 여러 방향으로 흩어지는 것을 의미한다. 하지만 산란의 정도는 색깔에 따라 달라진다.

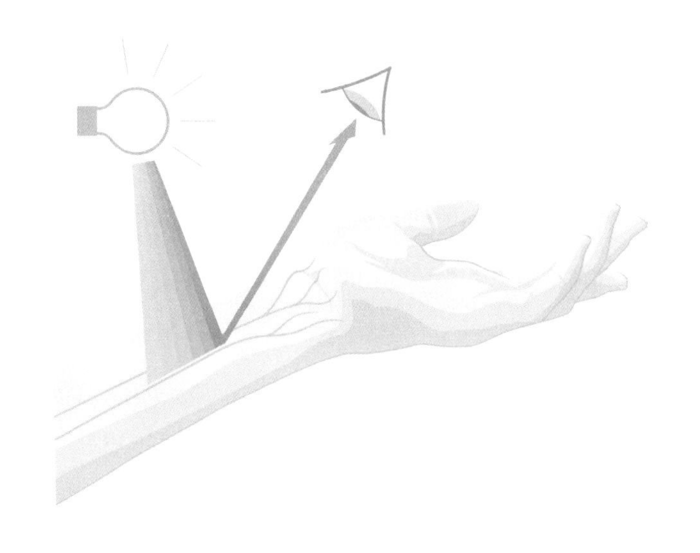

원자들은 에너지가 크고 파장이 더 짧은 파란색을 산란하고, 에너지가 더 크고 파장이 긴 빨간색은 그대로 통과시킨다. 그래서 태양 빛의 파란색 영역이 공기 중에서 사방으로 퍼지는 것이다. 더욱 복잡한 '빛 산란' 과정이 당신의 팔과 같은 신체 부위에서도 일어난다. 정맥이 없는 곳에서는 일반적으로 파란색과 빨간색이 모두 반사되어 피부색을 제법 자연스럽게 나타낸다. 하지만 정맥이 있는 곳에서는 빨간색 빛이 산란하지 않고, 무색의 정맥벽을 통과한 다음 혈액의 헤모글로빈에 의해 흡수된다. 반대로 파란색 빛은 정맥에 도달하기 전에 산란해 흡수되지 않는다. 그 결과 정맥은 대부분 파란색을 띠는 것이다.

그렇다면 옛날의 상류층 사람들은 어떻게 '푸른 피'라고 불리게 되었을까? 생물학적으로 귀족과 평민은 아무런 차이가 없다. 다만, 역사적으로 보면 귀족들은 평민들보다 유전적 결함이 더 많은 편이었다. 이는 귀족끼리만 혼인하는 풍습 때문에 유전자 공급원이 적었기 때문이다. 유전자 공급원이 적다는 건 유전병의 가능성이 비교적 커진다는 것을 의미한다. 하지만 그들은 대체로 유전병에 대한 걱정보다는 환경적인 차이를 누리기 위해 귀족끼리의 결혼을 고수했다.

귀족들은 균형잡힌 식단으로 영양분을 고루 섭취했고, 비타민 C 결핍으로 인해 생기는 '괴혈병' 발병률이 낮은 편이었다. 하지만 그들은 햇빛을 피해 다녔다. 귀족들이 뱀파이어 성향을 가지고 있었던 것이 아니라, 창백한 피부가 유럽 귀족들의 사회적 지위를 나타내는 척도로 여겨졌기 때문이다. 이는 햇빛에 그을린 피부가 암시하는 바를 혐오한 결과였다. 역사상 하류 계층은 대부분 밖에서 육체노동을 했고, 검게 탄 피부는 천한 사람이라는 표식이었다. 귀족들은 노동을 기피하고 창백한 피부를 찬양하며 이를 강조했다. 피부가 창백할수록 푸른 정맥은 더욱 도드라져 보였을 것이다. 검게 그을린 피부는 빨간색이 정맥에 도달하기 전에 산란하므로 혈관이 파랗게 보이지 않는다. 그러니, 푸른 피의 유럽인들은 햇볕에 타지 않은 사람들이었다.

유기농 식품은 건강에 좋다

'유기농'은 그 말에 담긴 정확한 의미 이상으로 가치가 부여되는 단어다. 사람들은 유기농 식품을 건강하고 신선하며 질 좋은 먹거리로 여긴다. 이처럼 과학 용어가 마케팅 담당자 손에 넘어갈 때는 주의를 좀 기울여야 한다.

기본적으로 모든 식품은 유기농이다. 유기농이란 탄소를 기반으로 하는 화합물을 일컫는 말이기 때문이다. 하지만 식품에서 유기농이라는 라벨을 붙일 때는 특정한 방식으로 생산한 제품에만 붙이게 되어 있다. 그런 의미에서 유기농이라는 것은 좋든 나쁘든 식품이 생산되는 환경에 영향을 끼치는 것이지, 식품 그 자체가 건강에 유익하다는 뜻이 아니다.

몇 년 전 나는 그 당시 대표적인 유기농 인증 기관인 영국 토양 협회Soil Association, the UK's의 사무총장, 헬렌 브라우닝Helen Browning을 인터뷰했다. 양돈업을 하는 그녀는 유기농 베이컨의 장점이라고 해봤자 도넛 한 봉지를 먹는 것보다는 나은 정도라고 했다. 그녀가 기꺼이 인정했듯이 실제로 유기농 식품과 비유기농 식품 간에 영양적 차이는 거의 없다.

그렇다면 유기농 식품과 비유기농 식품의 차이는 무엇일까? 냉소적인 사람들은 '가격'이라고 말할지도 모른다. 물론, 소매업자들은 고객의 가격 민감성을 시험하기 위해 유기농 라벨을 사용하는 것이 사실이다. 하지만 몇 가지 실질적인 차이가 있다.

유기 축산으로 기른 동물이 공장식 축산으로 기른 동물보다 복지가 더 나은 편이지만, 자유 방목으로 기른 동물과 비교하면 거의 차이가 없다. 또한 유기농 규제 기관에서는 질병 증상과 비슷한 증상을 일으켜 치료하는 동종 요법과 같은 대체 의학을 지지하는 경향이 있으므로 유기 축산으로 기른 동물이 건강상 불이익을 받을 수도 있다.

또 다른 큰 차이점은 비료와 살충제다. 유기농 인증을 받기 위해서는 천연 살충제와 천연 비료만을 사용해야 한다. 물론, 이러한 제한은 땅에 이로울 수 있다. 하지만 부작용도 있다. 대표적인 예가 천연 살균제인 황산구리다. 황산구리는 사실 꽤 위험한 화학물질이다. 원래라면 금지되었을 테지만, 유기농법에 의해 계속 사용되는 결과를 낳았다.

건강과 관련해 유기농 지지자들이 한 번씩 목에 핏대를 세우고 펼치는 주장이 한 가지 있다. 바로 잔류 농약에 대한 것이다. 2001년, 토양 협회의 한 대표가 가디언지에 다음과 같이 썼다. '유기농으로 바꾸는 것이 좋다. 아니면 세 번에 한 번 꼴로 독약을 입에 넣는다는 사실을 받아들여라. 그러겠는가?' 유기농 식품은 잔류 농약이 더 적기 때문에 건강에 훨씬 좋다는 의견이었고, 지금도 툭하면 제기되는 주장이다. 하지만 이것은 틀린 진술이다. 실제로 입에 들어가는 거의 모든 음식에 독이 있다. 식물은 자기에게 해를 끼치는 곤충이나 동물과 끊임없이 싸움을 벌이고 있기 때문이다. 결과적으로 식물은 대부분 천연 살충제와 독을 만들어내고, 우리는 이것을 섭취한다.

자연에서 유래한 독과 우리가 일반적으로 아는 독은 조금도 다르지 않다. 대표적으로 리신Ricin과 보툴리누스botulinus 독소는 매우 치명적인 유독 성분으로, 두 물질 전부 자연에서 유래했다. 잔류 농약은 천연 독에 비하면 깨끗하게 씻어낼 수 있기 때문에 섭취할 때 문제가 훨씬 적다. 그에 반해 내장된 독소는 쉽게 제거할 수 없다. 그렇다고 과일이나 채소 자체를 먹지 말라는 의미는 아니다.

사실상 모든 것이 잘못된 섭취량 때문에 우리 몸에 해롭게 작용한다. 심지어 물도 마찬가지다. 또한, 음식에 든 독소와 발암물질은 상대적으로 적다. 씻지 않은 비유기농 식품에 묻은 잔류 농약보다 천연 독의 양이 월등히 많지만, 그 함유량조차도 아주 미미하다. 술과 커피에 눈에 띄는 발암 물질이 몇 가지 들어 있지만 비교적 적은 편이다. 그런데도 일 년 내내 잔류 농약을 섭취한 양보다 커피 한 잔에 든 발암 물질의 양이 더 많다. 그러니까 원한다면 유기농 식품을 먹어도 좋다. 하지만 유기농이라고 무조건 건강에 더 좋을 것이라는 기대는 하지 말자.

평생 가질 뇌세포를 몽땅 가지고 태어난다

몸에 있는 세포는 대부분 주기적으로 교체된다. 어떤 세포는 다른 세포보다 더 오래 생존한다. 예컨대 적혈구는 몇 개월 동안 지속되고, 위벽 세포는 며칠만 살아남는다. 당연히 뼈의 수명은 특별히 긴데, 새로운 세포로 교체되는 데 약 10년이 걸린다. 하지만 오랫동안 뇌세포만큼은 예외였다. 사람은 태어날 때 일정한 수만큼의 뇌세포를 가지고 태어나, 살아가면서 뇌세포가 죽기만 하니 나이가 들수록 뇌는 점차 능력을 잃게 된다는 것이다.

몸 안의 세포에서 일어나는 일을 큰 그림으로 바라보면 여전히 놀랍다. 몇 가지를 제외하면 스무 살의 당신과 서른 살의 당신은 완전히 다르기 때문이다. 이것은 헤라클레이토스Heraclitus와 플라톤 시대의 〈테세우스의 배Ship of Theseus〉라는 고대 철학적 사고 실험을 연상시킨다. 이는 '배가 이곳저곳 썩어감에 따라 점차 모든 널빤지를 교체하는데, 판자가 모조리 새것으로 바뀌어도 그것은 여전히 테세우스의 배라고 불릴 수 있는가? 기존의 널빤지가 딱 하나만 남았다면?' 이라는 철학적 질문을 의미한다.

17세기의 철학자 토마스 홉스Thomas Hobbes는 여기서 한 단계 더 깊이 들어갔다. 떼어낸 널빤지를 오랜 시간에 걸쳐 한 장 한 장 다시 조립해 상당히 낡아빠진 두 번째 배로 만든다고 상상해 보자. 모든 부품을 제거한 배와 폐기한 부품으로 조립한 배 중에 어떤 것이 원래의 배인가? 그리고 '원판'이라고 불리다가 어느 순간 재조립 버전으로 바뀐다면 그 시점은 언제일까?

이 질문은 사람에게도 똑같이 적용할 수 있다. 세월이 흐르면서 신체 부위가 모두 새롭게 교체된다면, 그 사람이 다른 사람이 되는 시점도 있을 것이다. 하지만 우리는 누군가를 규정할 때 그 사람의 육체보다는 정신에 더 많이 영향을 받는다. 그렇다면 기억을 잃거나 뇌 기능에 문제가 생기면 더는 같은 사람이 아닌가?

이는 과학보다 철학 분야의 질문에 가까우므로 답하기 쉽지 않다. 사람을 그 사람으로 규정하는 것이 주로 뇌에서 일어나는 일이라고 하면, 뇌세포의 대체 여부는 아주 흥미로운 주제일 것이다. 하지만 현대 연구에서는 처음에 생각했던 것보다 뇌에서 세포 교체가 훨씬 더 활발하게 일어난다고 밝혔다.

시간이 지남에 따라 뇌의 어떤 부분에서는 세포를 확실히 교체한다. 예를 들어, 해마는 기억을 처리하는 역할을 맡기 때문에 우리가 우리 자신으로 규정하는 것과 관련해 뇌에서 특히 중요한 부분이다. 엄밀히 말하면 해마는 양쪽 반구에 하나씩 있다. 해마hippocampus는 해마seahorse처럼 생겼다고 붙여진 이름이지만 실제로는 닮지 않아서 해마를 보려면 상상력을 발휘해야 한다. 해마의 주된 기능은 정보를 단기 기억에서 장기 기억으로 옮기는 일인데, 장기 기억이 없다면 우리를 우리답게 하는 많은 것을 잃게 된다.

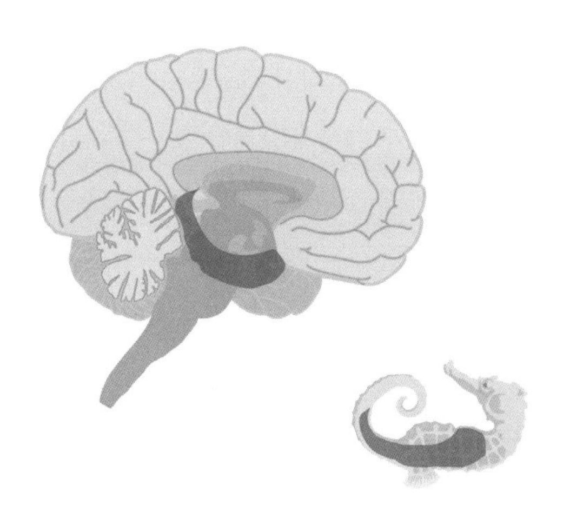

해마는 규칙적으로 세포를 교체하면서 구조가 계속 발달하는데, 이는 후각을 담당하는 뇌의 부위인 후각 신경구에도 해당한다. 마찬가지로 우리는 어렸을 때 뇌의 어떤 영역은 세포가 늘어난다는 것을 안다. 그러니 평생 가질 뇌세포를 몽땅 가지고 태어난다는 건 말이 안 된다.

뇌세포가 교체되고 있는지 아는 것은 쉬운 일이 아니다. 과학자들이 누군가의 머리를 계속해서 열어보고 확인할 수도 없는 노릇이니 말이다. 하지만 냉전 시대의 핵실험 덕분에 예기치 못한 도움을 얻었다. 이 핵실험 당시, 폭발로 방사성 동위 원소인 '탄소 14'가 대기 중에 방출되었다. 탄소 14는 방사성 탄소의 연대를 측정하는 데 사용하는 동위원소인데, 핵실험이 중단된 이후 대기 중에 이 동위원소의 양은 감소하는 중이다. 세포가 형성될 때 세포의 탄소 함유량은 대기 중에 있던 탄소 14의 양을 반영한다. 그러므로 우리는 세포가 어떻게 교체되고 있는지 알 수 있는 것이다.

흥미롭게도 새로운 신경세포의 생성 방식은 다른 포유류와 비교했을 때 성인의 뇌에서 상당한 차이를 보인다. 특히 성인의 뇌는 선조체striatum라는 특정 뇌 영역에서 새로운 뇌세포를 만들어낸다. 이 선조체는 새로운 환경에 적응하고 다양한 환경에 유연하게 대처하는 능력인 '인지 유연성'과 관련해 중요한 역할을 담당한다.

레밍은 집단으로 자살한다

컴퓨터 게임 초기, 많은 사람이 〈레밍스Lemmings〉라는 게임을 유난히 좋아했다. 줄지어 우르르 몰려가는 작은 생물체가 어느 환경에서든 뛰어내려 죽는 것을 막아야 하는 게임이었다. 우리는 레밍을 집단 히스테리에 사로잡혀 절벽에서 몸을 던지거나, 지도자를 맹목적으로 따르는 경향과 연결 짓는다. 이러한 생각이 워낙 강하게 자리 잡아 가끔 자기 자신을 아무 생각 없이 위험에 빠뜨리는 사람을 보면 레밍처럼 행동한다고 말한다. 하지만 실제로 레밍은 집단 자살하는 습성이 없다. 게다가 이 속설의 유래는 참으로 기괴하다.

레밍은 몸길이가 대략 15센티인 작은 설치류다. 쥐와 기니피그의 중간 정도로 보인다. 유럽의 추운 북부 지역에 살며, 식물을 주식으로 삼는다. 레밍이 몸집 작은 설치류와 뚜렷하게 다른 점은 포식 동물이 아님에도 특이하게 공격성이 있다는 것이다. 레밍은 방어의 수단으로 포식자를, 심지어 인간도 공격할 것이다. 또 4년 주기로 개체 수의 급격한 변동을 겪는다. 개체 수가 위험할 정도로 낮은 수준으로 떨어질 때도 있고, 개체 수가 폭발적으로 늘어나 새 서식지를 찾아 어느 지역에서 쏟아져 나올 때도 있다.

개체 수의 갑작스럽고도 예기치 못한 감소와 더불어, 이처럼 새로운 먹이를 찾아 떼를 지어 이동하는 모습 때문에 레밍이 낭떠러지에서 몸을 내던져 자살한다는 잘못된 소문이 돌았다. 이는 레밍의 기원에 관한 초기 이론들과 나란히 두었을 때 그다지 이상하게 보이지 않는다. 16세기의 어느 지리학자는 '레밍은 폭풍우가 몰아치는 가운데 비처럼 쏟아져 내리는 우박과 다르지 않다'고 말하기도 했다.

비록 레밍이 투신자살하는 습성이 없다고 하더라도, 이동하려는 충동이 강한 것은 사실이다. 그래서 무작정 강이나 바다를 건너려고 시도하는 바람에 많은 레밍이 물에 빠져 죽기도 하는데, 이는 자기 파괴적인 충동 때문이라고 해석되기도 한다. 이 이론은 1877년, 대중 과학잡지 〈파퓰러 사이언스〉에 실린 것으로, 윌리엄 듀파 크로치가 '레밍은 바닷속으로 사라진 땅에 이주하려고 한다'고 주장했다. 하지만 레밍의 자살 이론을 대중의 상상력에 단단히 자리 잡게 한 이미지는 디즈니 다큐멘터리 제작자들의 생각에서 나왔다.

1950년대로 접어들면서 디즈니는 1958년에 제작한 《하얀 광야White wilderness》를 비롯해 수많은 야생동물 다큐멘터리를 만들어 인기를 끌었다. '세계 정상에 우뚝 서서!', '흥미진진한 재미로 가득 찬 환상적인 모험' 같은 문구가 영화 포스터에 담졌다. 마지막 문구를 주목해서 보라. 이 다큐멘터리 영화는 자연 현상을 정확하게 묘사하기보다 동물을 주인공으로 앞세워 이야기를 재미있게 풀어냈다. 어김없이 등장하는 북극곰과 순록의 삶을 보여줄 뿐만 아니라, 레밍의 이야기도 들려 주었다.

이 영화는 동물이 인간의 동기를 지닌 것처럼 묘사하는 성우의 목소리를 입혀, 동물의 행동을 의인화하는 방법을 택했다. 또 레밍들이 절벽에서 뛰어내리는 듯한 모습을 장면에 담았다. 제작진의 억울함을 풀어주자면, 성우는 이 장면이 자살이라기보다 레밍의 이주 모습이라고 말했다. 또한, 그들이 자살하려고 한 것이 아니라 눈앞의 바다를 자신들이 건널 수 있는 호수로 착각했다고 분명히 밝혔다. 그러나 시각적으로 너무나 강렬했던 그 이미지가 집단 자살이라는 오명을 씌웠다.

이후에 조사한 바에 의하면 그 장면은 조작된 것이었다. 북극의 해안이 아니라, 캐나다 캘거리 근처의 강에서 촬영되었으며 레밍이 해안 절벽에서 스스로 뛰어내린 것이 아니라 제작자가 밀어서 떨어진 것처럼 보인다.

테플론과 벨크로는 우주 개발이 우리에게 남긴 부산물이다

우주여행은 워낙 비용이 많이 드는 활동이라 거기에 막대한 세금을 쏟아붓기에는 어려움이 따를 수 있다. 특히 과학적이고 실용적인 혜택보다도, 언론의 관심이나 인류가 새 개척지로 눈을 돌려야 한다는 생각이 훨씬 중요한 '인간의 우주여행'에 관해서는 더욱 그렇다. 실제로 아마존 창업자인 억만장자, 제프 베이조스Jeff Bezos는 2021년에 우주의 가장자리에 짧게 머물다 돌아온 적이 있다. 세금으로 간 여행이 아니었는데도 쓸데없이 돈을 낭비했다며 수많은 사람에게 비난받았다.

이러한 이유로 나사NASA나 다른 우주 당국은 우주 개발을 통해 파생되는 많은 혜택을 발 벗고 나서서 알리고 있다. 그 밑바탕에는 우주여행이 기술의 한계를 뛰어넘어 이 분야에서 풀리지 않았던 문제에 대한 새로운 해결책을 찾고, 흥미로운 기술을 개발해 내면 결국 우리 모두에게 장기적인 이익이 될 것이라는 생각이 깔려 있다.

예컨대 나사에서는 '메모리폼'이 나사와의 계약을 체결한 결과로 개발된 것이라 콕 집어 말한다. 또한, 나사의 업무와 우리의 일상이 긴밀히 연결되어 있다는 의미로 컴퓨터의 개발과 관련한 성과를 강조한다. 만약 우주선에 작고 가벼운 전자 컴퓨터가 장착될 필요가 없었다면, 우리가 사용하는 컴퓨터는 아예 만들어지지도 않았을 것이라고 말이다. 실제로 나사의 컴퓨터는 언제나 지나치게 비싼 맞춤형 장치로, 우리가 사용하는 컴퓨터와 전혀 닮은 구석이 없다. 정작 제품의 대량 생산 방식이 가능하도록 길을 열어준 건 따로 있었다. 바로 교통 신호 제어기를 만들기 위해 개발된 저렴한 칩 기반의 프로세서였다. 이와 유사한 수많은 상업적 기술 개발도 한몫 거들었다.

또한, 나사가 개발한 제품이 아닌데도 나사의 성과로 알려진 것에 대해 이들은 해명이나 반박 등의 적극적인 대응을 하지 않는다. 두 가지 대표적인 예시가 있다. 바로 조리 도구에 음식이 타거나 눌어붙지 않도록 코팅하는 데 사용되는 테플론과 우리에게는 '찍찍이'로 더 많이 알려진 벨크로의 발명이다. 둘 다 우주에서 사용되기는 했지만, 두 물질은 모두 나사가 공식적으로 설립된 1958년 이전에 발명되었다. 여기서 테플론은 폴리테트라플루오로에틸렌PTFE의 제품명이다. 이 놀라운 물질은 1938년, 미국의 공학자 조지 플런켓George Plunkett에 의해 우연히 개발되었다.

플런켓은 냉매 물질을 연구하면서 폴리테트라플루오로에틸렌 가스로 만든 실린더의 안전성을 걱정했다. 그가 밸브를 열었을 때 가스는 나오지 않았는데, 실린더가 비어있다고 하기에는 너무 무겁게 느껴졌다. 자칫하면 가스가 폭발할 수도 있었기 때문에 그는 보호막 뒤에서 실린더를 잘라 보았다. 안쪽에는 미끈거리는 흰색 물질이 달라붙어 있었다. 가스는 중합반응화합물이 두 개 이상의 분자로 결합 — 옮긴이을 일으켰는데, 철제 실린더가 촉매로 작용해 긴 사슬 분자의 PTFE를 만든 상태였다. PTFE는 주로 배관공이 밸브와 접합부를 밀봉하는 데 사용하다가 나중에는 우주 공학 분야에서 유용하게 쓰인다. 하지만 프랑스 공학자 마르크 그레고아르Marc Grégoire는 아내에게 영감을 얻어 프라이팬에 음식이 눌어붙지 않도록 PTFE를 활용할 방법을 발견했다. 1956년, 그는 테팔Tefal이라는 브랜드를 설립하고, 음식이 눌어붙지 않는 조리기구를 생산하기 시작했다.

한편, 플런켓이 PTFE를 발견했을 즈음 스위스 공학자 게오르그 데 메스트랄George de Mestral은 어느 날 산책을 나갔다가 영감을 얻었다. 그는 꺼끌꺼끌한 씨앗씨앗은 널리 퍼뜨려지기 위해 동물

의 털이나 옷에 달라붙도록 진화했다을 품은 우엉 식물이 있는 숲길을 지나고 있었다. 데 메스트랄은 씨앗의 끝부분이 갈고리처럼 굽어 있어 지나가는 동물의 털에 걸리면 빠지기가 쉽지 않은 씨앗의 구조를 깨달았다. 그는 이러한 원리를 적용해 빠르게 떼었다 붙일 수 있는 섬유 접착포를 만들어냈다. 그러나 상품으로 출시되기까지 오랜 시간이 걸렸다. 벨크로는 10년이 지난 1955년이 되어서야 특허를 받았고, 그로부터 10년이 다 되어갈 즈음 상업적인 생산이 시작되었다. 이후 벨크로는 우주 공학을 비롯해 광범위한 분야에 응용되었다.

우주 개발에 관련된 부산물을 들이밀며 나사가 얼마나 돈을 펑펑 썼는지를 호소하는 사람들도 있다. 이러한 주장은 꽤 재미있다. 일반 펜은 잉크가 중력에 의해 펜 끝의 볼로 내려오는 방식이다. 거꾸로 들면 글을 쓰지 못하기 때문에 나사가 거액을 들여 우주용 볼펜을 개발했다고 한다. 이러한 나사의 '해결책'은 그 문제에 돈 한 푼 쓰지 않고 볼펜 대신에 연필을 사용한 소련의 접근 방식과 대조를 보인다. 실제로 볼펜 속 잉크가 무중력에서도 압력을 받아 거꾸로 쓸 수 있는 '우주용 펜'이 개발되었고 여전히 잘 사용되고 있지만, 이 역시 나사가 개발비용을 댄 것이 아니라 피셔 펜 회사에서 개발했다. 우주용 펜은 저중력에서 연필보다 더 잘 써지고 연필은 탄소 부스러기가 무중력 상태로 공기 중에 떠다닌다는 불편함이 있다.

빅뱅 이론이 우주의 기원을 밝힌다

현대 과학의 이론 중에 가장 유명한 것은 바로 '빅뱅 이론'이다. 심지어 빅뱅 이론을 주제로 한 텔레비전 프로그램까지 있을 정도다. 이 이론의 실체를 파악하려면 1950년대로 거슬러 올라가야 한다. 당시에는 우주의 진화 과정을 설명하는 두 가지의 가설이 있었다. 두 가설은 모두 우주가 팽창하고 있다지금까지 몇 번이고 반복해서 입증된 사실는 증거에 기반했다. 나중에 빅뱅 이론으로 발전한 초기 이론에 따르면 우주는 어느 시점에 우주 알cosmic egg에서부터 시작되었다고 한다. 이는 우주가 특정한 순간에 창조되었다는 것을 암시한다.

일부 천체 물리학자들은 이 창조의 순간에 대해 불만을 표시했다. 그들 중 무신론자들이 창조자의 존재를 은근히 드러냈다고 생각하기 때문이다. 스티븐 호킹Stephen Hawking이 한때 이렇게 말했다. '시간이 시작되었다는 생각을 좋아하지 않는 사람들이 많다. 아무래도 신의 개입을 연상시키기 때문일 것이다'라고.

빅뱅 이론과 대립하는 정상우주론을 창시한 프레드 호일Fred

Hoyle, 토마스 골드Thomas Gold, 헤르만 본디Hermann Bondi는 케임브리지 영화관에서 옴니버스식 초자연적 영화인《악몽의 밤Dead of Night》을 함께 보고 정상우주론을 생각해냈다. 그 영화의 마지막 장면은 바로 오프닝 장면으로 이어진다. "우주는 시작도 끝도 없이 한결같은 상태로 영원하다"

이것은 우주가 팽창하지만 늘 똑같은 밀도를 계속 유지하는 우주의 모습에 영감을 주었다. 우주는 팽창하면서 밀도가 점점 작아지는 것을 막기 위해 새로운 물질을 끊임없이 만들어냈기 때문이다. 호일은 뛰어난 천재 물리학자이자 이름난 과학 해설사였다. 그는 정상우주론을 제창한 다음 해, BBC 라디오 방송에 출연해 '우주의 물질 전체가 아득히 먼 옛날 특정한 시간에 한번 크게 쾅big bang하고 생성되었다는 건가요?' 라고 비꼬듯 말하며 자신의 정상우주론과, 빅뱅 이론을 비교했다. 호일의 어투는 빅뱅 이론을 경멸하는 듯했고, 사람들은 그를 비난했다.

'빅뱅'이라는 말은 여기서 처음 사용되었다. 아이러니하게도 빅뱅 이론에 '빅뱅'이라는 짧고 분명한 이름을 지어준 사람이 바로 호일이었던 것이다. 이후 30년 동안 빅뱅 이론과 정상우주론을 뒷받침하기 위한 관측 연구가 진행되었고, 결국 빅뱅 이론을 뒷받침하는 결정적 증거가 나왔다. 호일은 관측 결과에 맞도록 정상우주론을 수정했다물론, 관측 결과에 맞춰 빅뱅 이론도 대폭 수정해야만 했다. 하지만 지지를 잃은 정상우주론은 비주류 이론으로 밀려나고 만다.

결국 현시점에서 우주가 초기 상태에서 현재 상태에 이르기까지 어떻게 변했는지를 보여주는 최고의 이론이 '빅뱅 이론'임에는 의심의 여지가 없다. 그러나 빅뱅 이론에는 한 가지 큰 구멍이 있다. 호일은 초기 라디오 방송에서 이렇게 지적했다. "과학적 근거로 미루어 볼 때 빅뱅 가설은 참 마음에 안 드는군. 과학적 용어로 설명할 수 없고 비합리적이고… 눈으로 직접 보고 반박할 수 없는 곳에 기본 가정을 숨겨둔 것이지!"

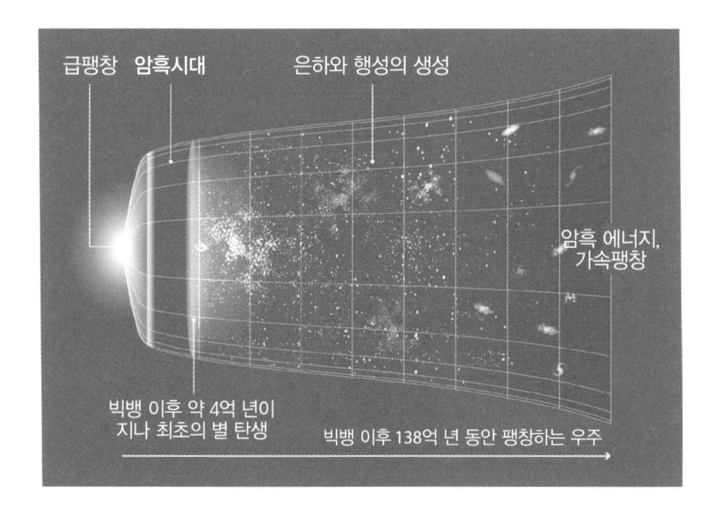

이 부분에서는 호일의 말이 전적으로 옳았다. 빅뱅 이론은 우주의 기원을 밝히지 못한다. 그저 우주에 시공간이 생겨난 직후부터 설명할 뿐이다. 우주가 어디에서 왔는지, 우주와 자연법칙이 어떻게 생겨났는지는 말해주지 않는다. 그리고 우주 탄생의 순간에 대해 결코 알 수 없는 '시작'을 사실로 가정한다. 이에 반해 정상우주론은 물질의 생성을 감지하기가 매우 힘들었지만, 직접 그 과정을 관측할 수 있어서 훨씬 더 매력적이었다.

정상우주론이 틀렸을 수도 있다. 그러나 두 이론 중 하나가 틀렸다고 해서 반드시 다른 하나가 옳다고 결론지을 수 없다. 빅뱅 이론의 문제점은 바로 그 시작에 대한 '과학적인 대답'을 내놓을 수 없다는 데 있다. 그러니 빅뱅 이론만으로는 우주의 기원을 밝힐 수 없다.

우리는 조상들이 먹던 식단으로 돌아가야 한다

인간이 존재해 온 약 30만 년 중 대부분은 수렵 채집을 하며 살아왔다. 이는 동물을 직접 사냥하고 식물을 채취해 먹고 살았다는 의미다. 그러나 지금으로부터 약 1만 년에서 1만 2천 년 전, 인간이 일정한 주거지에 정착해 농경과 목축을 시작하면서 서서히 변화가 일어났다. 농업이 처음으로 시작되면서 우리의 식단은 완전히 바뀌었다.

그러나 오늘날에는 툭하면 수렵 채집을 하던 시절의 식단을 모방한 팔레오paleo 식단으로 되돌아가야 한다는 주장이 제기된다. 이 식단은 심장병이나 당뇨병, 암 등에 걸릴 위험을 줄여준다고 한다. 팔레오 식단을 먹는다는 것은 가축의 고기부터 유제품, 곡물, 설탕, 기름까지 늘 먹던 온갖 친숙한 식료품을 버려야 한다는 것을 의미한다. 그러면 야생동물의 고기나 알, 견과류, 씨앗, 야생에서 기른 과일과 채소만 남는다. 인류가 처음으로 생겨나고 수천 년 동안 식량을 찾기 위해 수렵 채집을 하던 시기가 있었다. 그때 먹었던 것과 비슷한 식단, 즉 진화 과정에서 적응해 온 식단에 중점을 두면 농업 식단의 부자연스러운 측면을 피할 수 있다.

여기에는 몇 가지 긍정적인 측면이 있다. 가축에서 얻은 고기 대신 사냥으로 얻은 고기는 지방이 적고 건강에 도움이 된다. 게다가 사냥감은 농장에서 자라고 도살장에 끌려가는 것이 아니라, 야생 자체에서 얻는 것이기에 사육보다 동물 복지에도 훨씬 좋다. 하지만 사냥 고기를 구한다는 것은 그리 쉬운 일이 아니다. 설탕을 끊는 것도 말처럼 간단한 문제가 아니다. 현실적으로 생각했을 때 우리에게 '조상들의 식단'은 최선이 아니라는 것이다.

이 가설의 문제는 '인간의 진화'를 간과했다는 점이다. 인간은 30만 년 전부터 꾸준히 진화를 거듭해왔다. 모든 종은 주변 환경에 반응하면서 항상 진화하고 있다. 새로운 종이 형성되기까지는 수백만 년이 걸리지만, 작은 진화적 변화는 놀랍도록 빠른 속도로 일어날 수 있다. 인간은 농경사회가 시작된 이후에도 꾸준히 진화했다. 어떤 인종은 성인도 우유를 통해 영양분을 섭취할 수 있도록 진화했고, 동시에 초기 사람들보다 곡물을 잘 소화하도록 소화기도 변화했다. 우리는 더 이상 30만 년 전의 인류와 같지 않다.

더 중요한 것은 '과거 사람들의 일반적인 식단'이라고 해서 인간의 성장에 있어 가장 좋은 식단은 아니라는 거다. 진화는 방향성이 없으므로 '식단 구성은 이게 맞아! 나는 사람들이 이 식단에 최적화되도록 진화하겠어!' 라는 의도나 계획이 애초에 없다. 그리고 우리가 삶에서 기대하는 것들도 많이 변했다. 수렵 채집 식단은 당시 사람들이 종족을 번식하고 유지할 수 있는 나이까지 건강을 유지하는 데 나쁘지 않다. 하지만 지금 우리는 아이를 낳은 후에도 오래 살기를 바라지 않는가.

물론 인간만이 진화한 것은 아니다. 우리가 먹을 수 있는 야생 동물과 야생 식물도 진화를 거쳤다. 진화의 세계에서는 어떤 것도 박제된 채 보관되지 않는다. 우리는 30만 년 전, 우리 조상들이 무엇을 먹었는지 정확하게 알 수 없다. 하지만 그것이 오늘날의 야생 동 · 식물과 완전히 같지는 않았으리라 확신할 수 있다.

물론 어떤 사람들은 고기를 완전히 먹지 말아야 한다고 주장한다. 하지만 단백질의 대체 공급원이 주로 콩과 같은 농작물이기 때문에 육류를 멀리하는 것과 팔레오 식단을 병행하면 특히 문제가 된다. 인간은 항상 잡식성이었고, 채집한 식물만으로 균형 잡힌 식단을 구성하는 것은 거의 불가능하다. 게다가 고기를 먹어야 풍부한 영양소를 효율적으로 얻을 수 있다. 야생 식물만 고집하면 필수 영양소를 필요한 수준까지 섭취하기 위해 먹는 데에만 아주 많은 시간을 들어야 한다. 그것은 현대적 생활방식과 양립할 수 없다.

물이 빠지는 방향은 남반구와 북반구에서 서로 다르다

이번 장은 이 책에서 다루는 의심스러운 주장을 통틀어 텔레비전에 가장 많이 등장한 속설일 것이다. 종종 여행 프로그램의 진행자가 적도를 넘어갈 때 이 속설을 언급하는데, 유난히 흥미롭게 다뤄지는 주제 중 하나다. 예컨대 북반구에서 싱크대에 물을 부으면 물은 작은 소용돌이를 일으키며 시계 반대 방향으로 돌다가 배수구로 흘러갈 것이고, 반대로 남반구에서는 물이 시계 방향으로 돌다가 빠져나갈 것이라는 속설이다. 이 속설이 진실이라면 적도 바로 위에서는 물이 소용돌이치지 않고 곧장 배수구로 내려갈 것이다.

이 주장은 실제 과학에 기반을 두고 있기는 하나, 과학이 엉뚱하게 적용되었다. 과학적 근거는 지구의 자전에 의한 코리올리 효과Corioljis force다. 레코드판을 옆으로 세우고 턴테이블이 수직인 상태에서 돌고 있다고 가정해 보자. 이때, 회전하는 턴테이블의 중앙에서 바깥쪽으로 구슬을 떨어뜨리면 아마 구슬은 직선으로 떨어지지 않고, 턴테이블의 움직임 때문에 곡선으로 떨어질 거라 예상할 수 있다. 어떤 힘이 구슬을 직선 경로에서 옆으로 밀어내는 것처럼 보일 것이다.

정확히 같은 원리가 지표면에도 적용된다. 우리는 관측자로서 지구와 함께 자전하고 있으므로, 물체는 자신이 움직이는 방향과 수평으로 밀리는 듯한 힘을 받는다. 그래서 북반구에서는 오른쪽시계 방향으로 소용돌이치며으로, 남반구에서는 왼쪽으로 휘어진다.

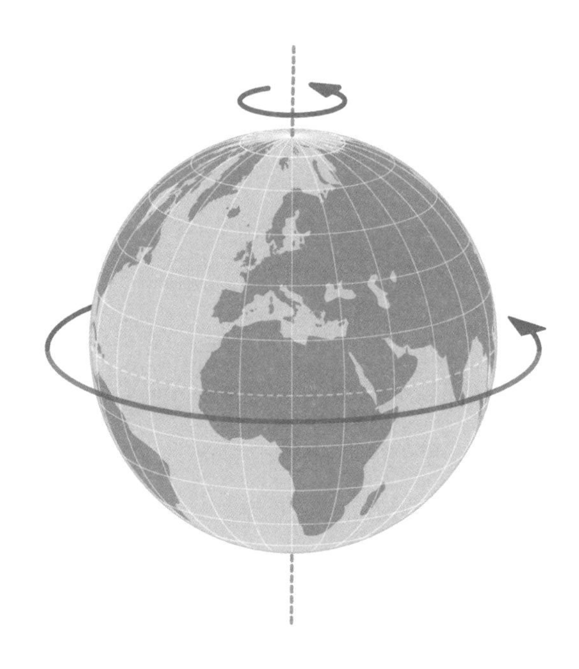

코리올리 효과는 실제로 존재한다. 그래서 공기의 흐름이 고기압과 저기압의 방향으로 나선형을 그리는 것이다. 하지만 적도 부근에서 싱크대를 들여다보면 두 가지 문제에 직면한다. 첫째, 적도에 가까울수록 효과는 약해진다. 진행자는 대체로 적도의 양쪽으로 몇 걸음만 걷는데, 그곳은 실험하기에 최악의 장소다.

두 번째 문제는 더욱 중요하다. 비록 적도에서 제법 떨어진 곳에서 배수구를 쳐다본다고 해도, 물이 어떻게 빠져나가는지에 영향을 미치는 것은 코리올리 효과만이 아니다. 물이 흐르는 방향은 씽크볼의 형태, 배수구와 수도꼭지의 상대적 위치에 영향을 받을 것이다. 심지어 배수구의 모양도 실험 결과에 영향을 줄 수 있다. 이러한 다른 요소들의 복합적인 영향이 코리올리의 효과보다 실험 결과에 더 크게 작용한다.

그러면 어째서 그런 프로그램에서 하는 설명이 그럴듯하게 들리는 걸까? 당신이 주의를 기울이지 않으면 당신의 기대가 무의식적으로 실험 결과에 반영되게 하는 일은 쉽다. 쥐를 미로에 넣고 통과하게 했던 유명한 실험이 있다. 실험을 진행한 대학원생들은 특별히 영리한 쥐와 평균적인 쥐, 두 그룹으로 나눠 실험을 진행했다. 당연히 영리한 쥐 그룹이 미로를 더욱 잘 통과했다. 하지만 이후, 대학원생들이 '실험용 쥐'였다는 사실이 밝혀졌다. 그들이 받은 쥐는 모두 똑같은 쥐였고, 지능이 우수한 쥐 그룹 같은 건 애초에 없었다. 대학원생들은 영리하다는 말을 들은 쥐 그룹이 미로를 더 잘 빠져나갈 거라고 생각했기 때문에 '똑똑한' 쥐들에게 더 나은 성과를 기대하고 대체로 결과를 그 방향으로 치우치게 했다.

이것이 바로 소용돌이에 대한 설명이다. 안타깝게도 일부 다큐멘터리 제작자들은 자신들이 원하는 결과를 보여주기 위해 때때로 사실을 조작하기도 한다. 이는 레밍의 경우처럼 배수구를 따라 소용돌이치는 물에도 적용된다.

국제 우주 정거장에는 중력이 없다

국제 우주 정거장ISS안에서 떠다니는 우주 비행사들을 보면 뭔가 최면에 걸린 느낌이 든다. 일반적으로 이들이 공중에 떠다닐 수 있는 이유는 지구의 중력에 영향을 받지 않는 '0그램'인 상태에 있기 때문이라고 알려져 있다. 하지만 현실은 훨씬 더 흥미롭다. 그들이 떠다니는 이유는 우주 정거장과 함께 지구를 향해 떨어져 내리고 있기 때문이다. 그러니까 사실, 그들은 무중력 상태가 아니다. 단지 자유낙하 운동을 하고 있는 것이다.

공기의 저항 효과를 무시한다면 중력에 의한 낙하 속도는 질량의 영향을 받지 않는다. 우주 정거장처럼 큰 물체는 사람과 같은 비교적 작은 물체와 정확히 같은 속도로 가속한다. 이런 이유로 정거장 안에서 정거장과 같은 속도로 떨어지는 사람들은 둥둥 떠다니게 된다.

다행스럽게도 우리는 아직 우주 정거장과 우주 비행사들이 땅에 추락했다는 소식을 들어보지 못했다. 이는 그들이 낙하하고는 있지만, 지구에 닿지 않는 특별한 방법으로 움직이기 때문이다. 이 특별한 이동 방법을 '궤도'라고 부른다. 중력 가속도와 균형을 맞추기 위해 적절한 속도로 지표면과 평행을 이루며 둘레를 도는 운동이다. 지표면 위의 어떤 높이에서도 궤도 위성이 궤도를 돌기 위해 움직이는 속도는 단 한 가지다.

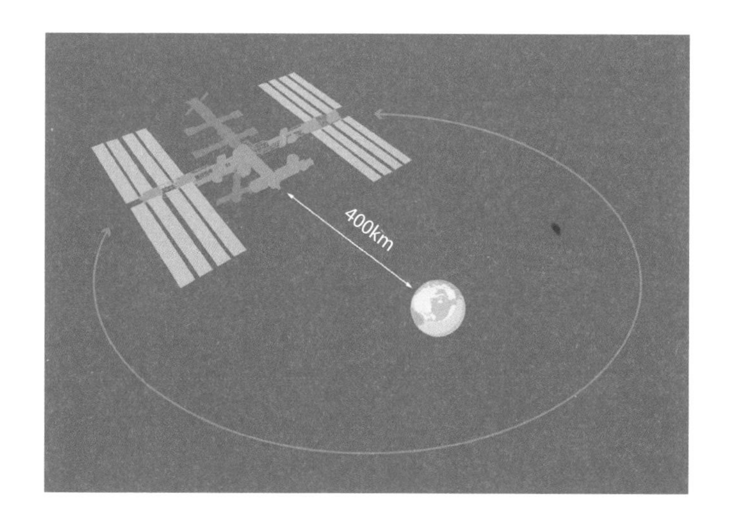

우주 정거장은 지구에서 약 400킬로미터 떨어진 상공에서 공전한다. 물론 우주에 있지만, 지구와 가깝다. 우주의 시작을 정의하는 공식적인 기준이 있다. 지구에서 고도 100킬로미터에 있는 '카르만 라인'이 대기권과 우주의 경계선이며, 이 고도를 넘어가면 우주라고 부른다. 우주 정거장의 높이와 정지궤도

지상의 일정한 지점에 고정된 것처럼 보이는 위성으로, 위성 통신 서비스에 사용

된다의 높이를 비교해 보자. 정지궤도 위성은 우주 정거장보다 지표면에서 거의 백 배나 멀리 떨어져 있어야 한다. 지구는 매우 크고, 우주 정거장은 그다지 멀리 있지 않아서 정거장이 받는 중력의 힘은 지구에서 느끼는 중력의 약 90퍼센트다. 우주 정거장이 자유낙하 상태가 아니라, 아주 높은 건물의 꼭대기에 있다면 우주 비행사들은 지표면에서 받는 중력을 그대로 느낄 것이다.

자유낙하 상태의 무중력 효과는 궤도를 돌지 않는 다른 방법으로도 경험할 수 있다. 만약 당신이 자유낙하 하는 엘리베이터 안에 있다면, 우주 비행사처럼 둥둥 떠다닐 것이다. 불행히도 궤도를 도는 위성처럼 충돌을 피하는 능력은 없으니, 짧디 짧은 체험으로 끝나고 말 테지만 말이다.

사람들이 안전하게 자유낙하 상태를 느낄 수 있도록 특별한 비행기가 제작되기도 했다. 이 비행기는 높이 올라간 다음, 갑자기 빠른 속도로 내려온다. 이때, 비행기에 탑승한 사람들은 한 번 운행할 때마다 약 25초 동안 공중에 떠 있는 상태가 된다. 원래는 우주 비행사를 훈련하기 위해 만들어진 이 비행기는 구토 혜성Vomit Comet이라는 별명으로 더 잘 알려진 무중력 비행기다. 지금은 상업적으로 이용되고 있다. 지금은 고인이 된 스티븐 호킹에게 휠체어를 벗어나 짧게나마 무중력의 상태를 느낄 기회를 선사했던 사례가 가장 유명하다.

물론 진정으로 지구의 중력을 벗어나는 방법도 있다. 중력의 힘은 당신을 끌어당기는 물체의 중심에서 떨어진 거리의 제곱만큼 줄어든다. 우리 태양계에는 태양이나 거대 행성처럼 크기가 어마어마한 물체들이 있다. 이러한 물체에서 충분히 멀리 떨어진 우주선은, 아주 현실적이며 진정한 의미의 무중력 경험을 선사할 것이다. 중력의 영향을 받지 않는 곳에서 자유낙하와 정반대로 가속도 운동을 하면 중력 효과를 낼 수 있다. 또한, 우주선을 가속하거나 회전시키면 중력이 끌어당기는 힘과 동등한 힘이 발생한다.

침팬지와 고릴라는 인류의 조상이다

몇 년 전에 나는 한 중학교에서 과학 커뮤니케이션 대회에서 심사를 봤다. 그중 한 팀이 '고릴라'를 주제로 선정했다. 그래픽을 제시하면서 고릴라는 우리 조상이므로 잘 보살펴야 한다고 발표했다. 고릴라를 돌보자는 취지는 좋다. 하지만 그들의 과학적 근거는 형편없었다. 우리는 고릴라 같은 유인원들의 직계 후손이 아니기 때문이다.

조상의 계보를 타고 올라갈 때는 두 종이 공통 조상이 있는지, 직계로 이어졌는지가 중요하다. 지금의 인류, 즉 호모 사피엔스는 약 30만 년 전에 출현했다. 초기 호모 사피엔스는 일반적으로 유인원이라고 생각되는 특징을엄밀히 따지면 우리도 유인원에 포함되기는 한다 더 많이 가지고 있었을 것이다. 다만, 그렇다고 해도 이미 그들은 이족보행을 할 수 있는 상태였다.

인간의 조상과 그 조상의 조상까지 계속 거슬러 올라가다 보면 우리는 우리와 가장 가까운 친척뻘 유인원인 침팬지와 보노보 계통에 속하게 된다. 더 먼 옛날로 거슬러 올라가면 고릴라와 같은 조상을 만날 것이다. 오랑우탄과의 공통 조상을 만나기 위해서는 훨씬 더 거슬러 올라가야 한다. 계보를 타고 먼 옛날로 갈수록 우리의 공통 조상은 지금의 원숭이와 비슷해질 것이다. 그러나 다시 말하지만, 우리 조상은 원숭이가 아니다.

시간을 충분히 거슬러 올라가면 어떤 종을 골라도 우리와의 공통 조상을 찾을 수 있다. 작은 설치류 같은 동물에 이른 다음 포유류의 시초까지 도달할 것이고, 결국엔 포유류의 시초가 된 식물의 공통 조상까지 만나게 된다. 더 나아가 동식물뿐만 아니라 박테리아의 조상까지도 발견할 것이다. 지금까지 확인한 모든 종은 지금이든 과거든 단 하나의 공통 조상이 있다. 그러니 우리는 모두 서로 연결되어 있다. 비록 가능성이 없는 것은 아니지만, 지구상에서 생명체가 두 번 이상 독립적으로 시작되었다는 증거는 아직 없다. 유전적 연관성을 찾을 수 없을 만큼 이질적인 생명체가 없다는 의미다.

아주 먼 옛날, 지구상에 살았던 생명체의 흔적을 찾아보려고 노력하지만 그건 그렇게 쉬운 일이 아니다. 화석이란 생명체가 부패할 때 광물이 생명체의 부드러운 조직에 스며들어 그대로 보존된 동식물의 잔해를 뜻하는데, 이렇게 보존된 화석 기록은 흔치 않다. 생명체가 화석이 되는 것은 극히 드문 일이니 말이다. 그런데도 비교적 화석의 수가 많은 이유는 지구상에 수많은 생명체가 35억 년에서 40억 년 동안 존재해왔기 때문이다. 한때 진화 과정에서 유인원과 인간 사이에 존재했다고 추정되나, 그 화석은 발견하지 못한 잃어버린 고리missing link를 찾는 것이 유행이었다. 하지만 이는 실제로 나뭇가지의 작은 조각들만 마구잡이로 보존된 잃어버린 계통수missing tree에 가깝다.

우리가 가까운 친척뻘 정도 되는 조상을 확인하는 방법은 DNA를 통해서다. 종마다 DNA를 분석하고 비교해 보면 비교 대상과의 관계가 얼마나 가까운지 알 수 있다. 하지만 시간을 거슬러 올라가야 할 때는 DNA 분석만으로는 한계가 있다.

2016년, 호미닌hominin 개체의 머리뼈 화석이 일부 발견되었다. 우리에게는 'MRD'라는 이름으로 알려진 그 화석이다. 인류의 조상인 호미닌은 현생인류homo와 비슷한 특징을 가지고 있으며, 약 380만 년 전에 존재했다. 이 발견 이후, 신문에서는 인류의 가장 오래된 조상의 흔적을 찾았다는 주장으로 넘쳐났다. 하지만 확실히 알 수는 없다. DNA는 약 150만 년이 지나면 상태가 너무 나빠져 관계를 밝히는 유용한 정보를 알아내는 데 아무 쓸모가 없기 때문이다. 결국 호미닌은 우리와 같은 계통에 속했지만, 그들이 정말로 우리의 직계 조상이었는지는 알 길이 없다.

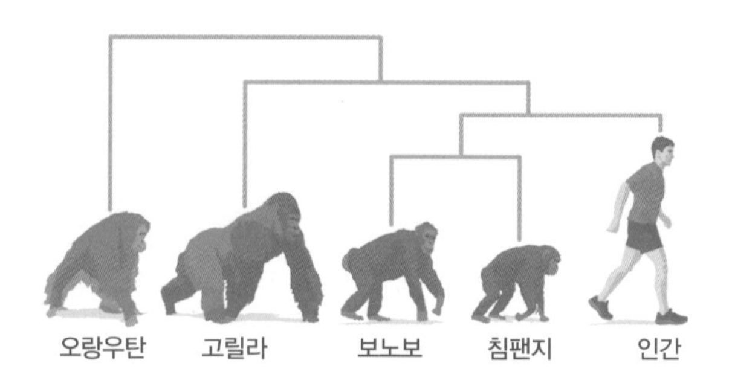

유인원을 우리 조상이라고 말하고자 할 때 마지막으로 고려해야 할 사항이 있다. 침팬지의 조상과 우리의 조상은 공통 조상에서 갈라져 나왔고 두 종은 현재에 이르기까지 끊임없이 진화했다. 계통이 분리된 이후, 우리는 각각 수많은 조상 종들을 거쳐왔다. 심지어 각자 현재의 종에 도달한 이후에도 진화를 멈추지 않았다. 인간은 30만 년 전과 같지 않다. 침팬지는 처음 출현한 이후, 우리보다 훨씬 더 많이 진화해왔다. 진화는 절대 멈추지 않는다.

카멜레온은 배경 색과 섞이려고 색을 바꾼다

카멜레온은 피부색을 바꾸는 능력으로 유명한 놀라운 동물이다. 우리는 환경에 잘 섞여 들어가는 사람을 보고 '카멜레온 같다'고 말한다. 이들은 겉모습이나 행동을 변화시키는 능력 덕에 어떤 환경에서도 자연스러워 보인다. 그러니 실제로는 카멜레온이 대부분 카멜레온 같지 않다는 사실을 알면 꽤 충격을 받을지도 모른다.

카멜레온이 피부색을 바꾸는 습성 자체가 근거 없는 속설이라는 말이 아니다. 카멜레온은 피부색을 바꿀 수 있다. 하지만 이들이 '위장의 수단'으로서 피부색을 바꾼다는 증거는 없다. 오히려 그 반대다. 카멜레온은 같은 종끼리 의사소통하기 위해 색을 바꾼다. 색을 바꾸면 잘 안 보이는 것이 아니라 눈에 더욱 잘 띈다. 동물들은 같은 종끼리 의사소통할 때 주로 소리를 이용한다. 하지만 소리 외에도 다른 방식으로 의사소통을 하는 동물도 많다.

예컨대 일부 곤충은 의사소통하려고 화학물질을 이용하고, 꿀벌은 동료에게 달콤한 꿀의 위치를 알리기 위해 그 유명한

'흔들춤'을 춘다. 동물들 사이에서는 시각적인 의사소통도 매우 흔하다. 카멜레온은 이 '시각적 의사소통'을 한 단계 높은 수준으로 끌어올린다.

카멜레온이 밝은색을 띠면 공격성을 드러내는 것이고, 은은한 색을 띠면 협력하고 싶다는 신호다. 카멜레온은 체온을 조절하기 위해 색을 바꾸기도 한다. 밝은색은 적외선을 반사하고, 어두운색은 적외선을 흡수한다. 햇빛이 강렬하면 피부색을 밝게 함으로써 체온이 지나치게 오르지 않도록 하는 것이다. 카멜레온이 피부색을 바꿀 수 있는 건 '색소 세포'라고 부르는 특별한 피부 세포 때문이다. 이 세포는 핸드폰 액정의 화소처럼 작은 색소포가 점점이 나타나면서 전체적인 색 패턴을 형성한다. 온갖 색을 자유자재로 바꾸는 종도 있고, 사용하는 색이 제한된 종도 있다.

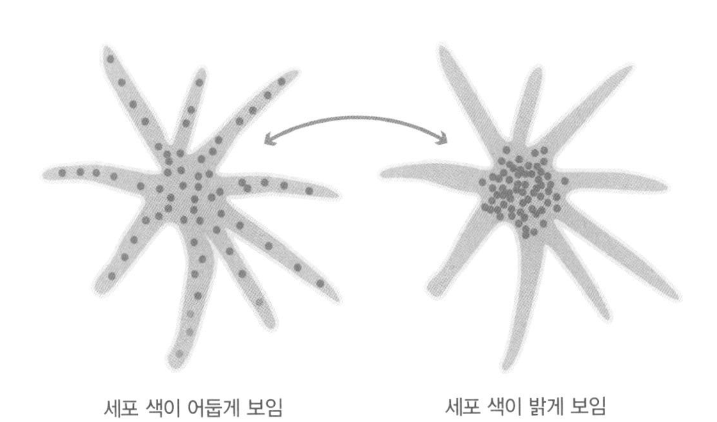

카멜레온이 색을 바꾸는 능력으로 자기도 모르게 주목받는 일은 유감스럽다. 실제로 어떤 동물들은 색을 바꿔 주변 환경에 잘 녹아드는 능력이 탁월한데 주목받지 못하기 때문이다. 넙치, 가자미, 도다리 같은 넙치류가 그렇다. 이들은 해저에 사는데, 바다 밑바닥의 패턴에 맞춰 몸의 색과 무늬를 감쪽같이 바꾼다. 사실상 모습을 감추는 것이다. 넙치류는 색소 세포를 가지고 있을 뿐만 아니라, 몸 아랫부분에 빛을 감지하는 부위가 있다. 이 빛에 민감한 부위로 바다 밑바닥 색을 인지한 다음, 바닥에 자리를 잡는다.

일부 문어와 오징어는 위장하려고 색을 효과적으로 바꾸기도 한다. 이 일을 어느 정도 해낼 수 있는 카멜레온도 물론 존재한다. 스미스의 난쟁이Smith's dwarf라고 알려진 종이다. 하지만 워낙 이례적인 경우라, 주변 환경과 잘 어울리는 사람이라면 '넙치 같다'고 하는 게 더 나을 것 같다.

인간의 위장술은 군사 분야에 치중되는 경향이 있다. 인간은 카멜레온의 능력을 모방해 색 변화를 이용하지만, 더 교묘한 방법을 쓸 때가 많다. 몸을 완전히 숨기지 못할 경우 다른 것처럼 보이게 하는 기술을 사용한다. 예를 들면 탱크의 적외선 열 신호를 완전히 감추기란 거의 불가능하다. 그래서 탱크를 만들 때는 가족용 차로 보이도록 '열출력'을 바꾸는 기술을 사용한다. 이러한 은폐술은 자연에서 발견되는데, 가시가 없는데도 마치 가시가 돋은 것처럼 보이게 하거나 먹이로 섭취하는 식물처럼 보이게 하는 등 곤충에게서 더욱 흔히 관찰된다.

혀는 부위별로 느끼는 맛이 다르다

우리가 과학 분야에서 접하는 '근거 없는 속설' 중 일부는 워낙 널리 퍼지는 바람에 학교에서 가르치기까지 한다. 오감과 무지개색의 색깔이 대표적인 예이고, 혀의 미각 수용체의 위치도 여기에 해당한다. 나는 학창 시절, 혀가 부위별로 느끼는 맛을 알아보는 '실험'을 했던 기억이 난다. 당시 우리는 혀의 맛 지도를 거의 맞추지 못했다. 우리가 실험을 제대로 진행하지 않아서가 아니라, 특정 맛을 느끼는 특정 부위는 존재하지 않기 때문이었다.

넓게 보면 혀는 단맛sweet, 짠맛salt, 신맛sour, 쓴맛sharp, 감칠맛umami이렇게 다섯 가지를머리글자를 S로 맞추고 내친김에 감칠맛까지도 sacoury로 맞춰야했다느낄 수 있다고 한다. 우리 혀가 이러한 맛을 느낄 수 있는 것은 사실이다. 하지만 네 가지 맛에 대한 미뢰味蕾의 위치가 각각 다르다는 것을 보여주는 오래된 혀의 맛 지도당시에 감칠맛은 지도에 없었다는 순전히 허구다. 오래된 지도는 대략 혀끝에서 단맛, 혀뿌리 부근에서 쓴맛, 좌우 뒷부분에서 신맛, 좌우 앞부분과 혀끝에서 짠맛을 느낄 수 있다고 표시되어 있었다. 심지어 이 위치에 압력을 가하는 것만으로도 미각을 느낄 수 있다고 주장했다. 그러니 학교 실험은 애초에 실패하도록 설계된 것이다.

실제로 혀 표면에는 약 2천 개에서 8천 개 사이의 미뢰가 분포되어 있다. 미뢰는 침에 녹은 음식의 화학 성분이 미각 수용기 세포와 만나는 곳이다. 이러한 생물학적 기관은 특정한 화학물질의 존재를 감지하는데, 우리는 이를 특정한 맛으로 해석한다. 예를 들어 짠맛은 침 속의 나트륨 이온이 상대적으로 높을 때, 신맛은 산이 물에 녹아 수소 이온을 발생시킬 때 혀에서 감지된다.

미뢰는 혓바닥에 솟아있는 작은 돌기인 유두에 모여있다. 각각의 미뢰는 화학물질을 감지하는 수많은 수용기 세포가 있다. 이 세포는 크게 두 가지 방식으로 작용한다. 대부분의 세포는 세포 표면에 튀어나온 단백질이 '맛'과 관련된 화학물질과 결합해 신호를 발생시킨다. 확실히 특이한 것은 짠맛 수용체다. 우리 몸은 세포막을 이용해 나트륨 이온이 세포 안으로 통과해 들어올 수 있도록 한다. 우리가 살아가기 위해 꼭 필요한 전기적 신호는 이러한 '짠맛'의 수용 과정을 통해 전달할 수 있다. '이온 통로'와 비슷한 방식이 우리가 짠맛을 느끼는 과정에 적용되며, 이 같은 메커니즘은 신맛 감지에도 적용될 수 있다.

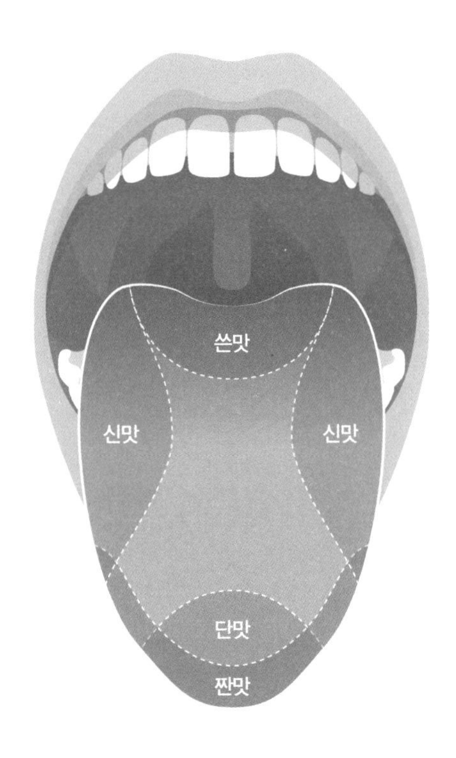

'다섯 가지'의 맛은 앞서 언급했던 '오감'과 어느 정도 비슷한 구석이 있다. 음식에서 느껴지는 맛의 또다른 감각이 사실상 맛을 추가로 만들어낸다. 여기에는 우리가 먹는 음식에 대한 질감과 후추와 고추의 독특한 열감, 민트나 멘톨의 시원한 '맛'도 포함된다. 다른 미각 수용기처럼 이것들도 단백질을 기반으로 감각을 인식하는 세포에 의해 신호를 받는다.

혀의 맛 지도는 과학 연구의 한 부분을 잘못 이해하는 바람에 생겨난 속설의 예다. 20세기 초, 어떤 연구에서 혀 전체에 걸쳐 미각의 강도에 차이가 있음을 시사했다. 그런데 어찌

된 일인지, 이는 전체적인 강도가 아니라 서로 다른 맛을 감지하는 능력의 차이로 오해를 받게 된 것이다. 혀의 맛 지도는 1940년대 하버드대학의 어느 심리학자가 만든 초기 자료를 잘못 해석한 것을 바탕으로 하지만, 정확히 누가 이토록 악명 높은 지도를 만들었는지는 모른다.

혀의 맛 지도는 빅토리아 시대에 등장했다가 얼마 못 가 폐기한 학문인 골상학과 개념적으로 다르지 않다. 골상학은 머리뼈의 형태에 따라 뇌의 특정 부위가 담당하는 기능을 알 수 있다고 주장한 학문으로, 혀의 맛 지도와 마찬가지로 허구에 지나지 않는다.

호박벌의 비행 능력은 물리학을 거스른다

학교에서 배우는 혀의 맛 지도와는 달리, 팟캐스트와 웹사이트에서나 접할 수 있는 속설이 있다. 바로 과학의 한계를 넘어서는 호박벌의 불가능한 공기 역학이다. 과학적으로 설명할 수 없는 자연의 경이로움을 보여주며, 우리에게 놀라움을 선사한다.

영국의 시인 존 키츠John Keats는 자신의 시 「라미아Lamia」에서 뉴턴을 비롯한 여러 과학자를 싸잡아 비난한 적이 있다. 호박벌에 대한 이 속설은 그 사건과 관련이 있어 보인다. 키츠는 과학자들이 엄격한 잣대로 모든 현상의 신비로움을 난도질하고, 무지개를 '올을 풀 듯 풀어헤쳐' 버렸다고 말한다. 하지만 대놓고 말하자면 키츠의 이러한 관점은 무식하기키츠의 팬에게 용서를 빈다짝이 없다. 무지개는 과학자들에게도 아주 아름다워 보이는 광경이고, 무지개의 형성 과정까지 알면 더욱 눈부신 아름다움을 느낄 수 있다.

그렇다면 신비로운 호박벌은 어떨까? 이 속설에서 시사하는 바는 '호박벌은 몸집이 크고 통통한데, 날개는 작고 얇아서 날갯짓만으로 하늘을 날 수 없다'는 것이다. 어떻게든 간신히 하늘을 날더라도 호박벌은 비행하는 데 들어가는 에너지보다 더 많은 에너지를 발휘해야 한다. 과학적으로는 설명할 수 없는 현상이라고 하지만, 사실 과학적으로 완벽히 설명할 수 있다.

이러한 생각은 호박벌이 신의 힘을 빌려 날 수 있다는 설교에서 비롯된 것 같다. 하지만 호박벌의 인상적인 비행 기술을 설명하기 위해서 필요한 것은 공기 역학에 대한 이해다. 호박벌의 날개로는 새처럼 단순히 날개를 파닥인다고 해서 활공하거나 비행할 수 없다. 헬리콥터에 비유해 설명하자면 호박벌의 날개는 일종의 회오리 구조를 만들면서 빠른 속도로 움직인다. 이렇게 소용돌이를 일으키는 날갯짓으로 공기의 흐름을 변화시키며, 이때 생긴 압력의 차이인 '양력'으로 통통하지만 매우 가벼운 몸을 감당하고도 남는다.

이를 위해서는 엄청나게 많은 에너지가 필요하지 않다. 호박벌이 계속 하늘을 날도록 '마법처럼 불쑥' 솟아나는 에너지가 없어도 된다는 의미다. 만약 설교를 진정 그 방향으로 흐르게 하고 싶다면, 물리학을 거스르는 후보로는 캥거루가 더 나을 것이다. 실제로 캥거루는 음식에서 얻는 에너지보다 더 많은 에너지를 껑충껑충 힘차게 뛰는 데 사용한다. 그렇지만 캥거루의 능력도 호박벌과 마찬가지로 신의 개입 없이 설명할 수 있다.

캥거루가 물리학의 법칙을 거스르는 듯 보이는 비밀은 캥거루가 점프할 때 일어나는 모든 사항을 우리가 고려하지 않는다는 것이다. 통통 튀는 공에 빗대어 생각하면 이해하기 쉽다. 공을 바닥에 떨어뜨리면 다시 튀어 오른다. 이른바 슈퍼볼이라는 공은 처음에 바닥으로 떨어졌던 높이만큼 튀어 오를 수 있다. 공에 비밀스러운 에너지원 같은 것은 없다. 공은 바닥에 부딪힐 때 발생한 충돌 에너지를 흡수한 다음, 다시 방출한다. 추가 에너지가 없더라도 공을 바닥에서 밀어낼 수 있다는 의미다. 밀가루 봉지처럼 잘 튀어오르지 않는 물체는 바닥과 충돌할 때 발생하는 모든 에너지를 소리, 열, 봉지 터짐으로 변환한다.

캥거루는 밀가루 봉지보다 고무공에 더 가깝다. 캥거루가 착지할 때 탄력 있는 근육으로 충돌 에너지를 흡수하는데, 이 에너지는 그다음 점프에 사용한다. 이렇게 흡수된 에너지를 무시하고 점프할 때마다 필요한 에너지를 모두 더하면 캥거루는 먹이에서 얻는 에너지보다 더 많은 에너지를 사용하게 될 것이다. 하지만 캥거루는 에너지를 재사용함으로써, 에너지를 재사용하지 않을 때 할 수 있는 것보다 더 많은 것을 해낸다.

전기 자동차도 마찬가지다. 브레이크를 밟을 때 브레이크 패드에 열을 발생시켜 운동 에너지를 낭비하는 대신, 브레이크를 밟아 생긴 에너지를 자동차 배터리를 충전하는 데 사용한다.

건강을 유지하려면 하루에 여덟 잔의 물을 마셔라

물은 건강에 좋다. 누구나 잘 아는 사실이다. 그럼에도 물을 충분히 마시지 않는 사람들이 더러 있다. 살면서 우리는 하루에 물을 약 여덟 잔2리터 정도은 마셔야 한다고 익히 들어왔다. 이때 반드시 '물'을 섭취해야 하며, 주스나 차는 안 된다. 물을 여덟 잔이나 들이켜는 것이 여간 힘든 일은 아니겠지만, 그래도 순수한 물이 건강을 유지하는 데 중요하다고들 말한다. 하지만 안타깝게도다양한 음료를 즐기는 사람들에게는 희소식이겠지만 이 이야기에는 우리 중에 물을 충분히 마시지 않는 사람들이 있다는 사실 외에는 아무런 과학적 근거도 찾을 수 없다.

물은 우리 식단에서 빠뜨릴 수 없는 부분이다. 이는 지구상의 모든 생명체에게 물이 얼마나 중요한지를 나타낸다. 우리 몸을 구성하는 세포는 물로 이루어져 있는데, 물은 세포를 지탱하고 세포가 상호작용하는 메커니즘의 수단으로 작용한다. 물 없이 세포는 아무 기능을 못 한다. 우리 몸은 약 60퍼센트가 물로 이루어져 있다. 우리는 몇 주 정도 음식을 못 먹어도 살 수 있지만, 물 없이는 최대 사흘을 못 넘긴다. 하지만 '물을 충분히 섭취해야 한다'는 말은 확실히 오해를 사기 쉽다.

하루에 물을 여덟 잔이나 마셔야 한다는 아주 구체적인 요구사항은 과학적 발견을 잘못 해석해서 생긴 근거 없는 주장이다. 여덟 잔이라는 숫자는 1945년, 미국 국립 연구위원회에서 우리가 섭취하는 음식 1칼로리당 물 1밀리리터를 마셔야 한다고 권고한 것에서 비롯되었다. 요즘은 더 많은 칼로리를 섭취하는 사람들도 많지만, 일반적으로는 하루에 2천 칼로리 정도를 섭취하므로 마셔야 할 물의 양은 2리터가 되는 것이다. 하지만 이 권고사항은 물을 직접 마셔야 한다는 뜻이 아니다.

우리가 섭취하는 음식 재료의 대부분은 수분을 함유하고 있다. 이는 모든 생명의 근원이 물이라는 점에서 아주 당연하다. 그래서 물을 따로 마시지 않아도 섭취해야 할 수분의 절반은 음식을 통해 자연스레 흡수하게 된다. 이것만 해도 수분 섭취의 필요성은 절반으로 뚝 줄어든다. 또한, 연구 결과에 따르면 순수한 물이든 우리가 즐겨 마시는 그 어떤 음료든 수분 섭취 효과에는 거의 차이가 없다고 한다. 카페인은 이뇨 작용에 영향을 약간 미치지만, 수분 공급 자체에는 거의 영향을 미치지 않는다.

알코올도 마찬가지다. 비행기에서는 압력이 낮아져 탈수 상태에 이르기 쉽다. 이럴 때 맥주처럼 수분 함량이 높은 술은 수분 보충에 효과적이다. 하지만 오히려 알코올 자체보다는 과음이 문제가 될 수 있으므로 되도록 기내에서는 술을 마시지 않는 것이 좋겠다. 영국은 안전한 물 공급이 힘들었던 탓에 수 세기 동안 알코올 도수가 낮은 맥주를 일반적인 음료로 마셨다.

스포츠음료도 수분 보충에 효과적이지만 다른 음료보다 탁월하지는 않다. 갈증을 느끼기 전에 미리 스포츠음료를 섭취해 수분을 더 효과적으로 보충한다는 제조업체의 주장은 과학적 근거가 없다. 운동 전후에 목이 마를 때마다 물을 마시는 것만으로 충분하다. 게다가 우리 몸은 스포츠음료에 첨가된 전해질을 따로 섭취할 필요가 없다. 전해질이 우리 몸에 중요한 화학물질이기는 하나, 일부러 전해질 농도를 높이지 않아도 충분히 음식에서 얻을 수 있다.

비록 우리가 하루 여덟 잔의 물이라는 잘못된 방향으로 이끌리긴 했으나 물을 충분히 섭취하지 않으면 위험하다는 사실을 안다. 하지만 물을 지나치게 많이 마시는 것도 위험하다는 사실은 비교적 많이 듣지 못했을 것이다. 물을 지나치게 많이 마시면 신체의 세포가 부풀어 올라 잠재적으로 뇌 손상을 입고, 심하면 사망에 이를 수도 있다. 물 한잔 벌컥벌컥 마시는 정도로는 문제가 되지 않지만, 1리터 남짓을 한 번에 들이붓듯 마시면 위험할 수 있으니 주의하도록 하자.

만약 정확도가 99퍼센트인 의료 검사에서 양성이 나왔다면, 그 질병에 걸렸을 확률은 99퍼센트일까?

우리는 지난 몇 년간 코로나19 팬데믹을 겪으며 의료 검사의 정확도가 수치로 평가될 수 있다는 사실을 알게 되었다. 하지만 이러한 숫자만으로는 정작 우리가 알고 싶은 정보를 알 수 없다. 일반적으로 의료 검사의 정확도는 민감도sensitivity와 특이도specificity라는 두 가지의 지표를 활용해 판단한다. 그중 민감도는 병에 걸린 사람이 병에 걸리지 않았다고 판단할 '가짜 음성' 빈도를 알려준다. 반대로 특이도는 병에 걸리지 않은 사람이 병에 걸렸다고 판단할 '가짜 양성' 빈도를 알려준다. 따라서 우리가 먼저 확인해야 할 것은 검사가 99퍼센트 정확하다는 말이 의미하는 바를 아는 것이다.

팬데믹 상황에서 흔히 사용한 간이 검사 키트를 생각해 보자. 옥스퍼드대학의 대규모 연구에서 간이 검사는 특이도가 90~100퍼센트였고, 민감도는 40~97퍼센트로 더 낮고 일관성이 없었다. 숫자를 특정해 특이도가 99퍼센트, 민감도가 70퍼센트인 간이 검사가 있다고 가정하자.

검사 결과, 코로나에 걸리지 않았는데 감염되었다고 나오는 가짜 양성일 때는 격리되거나 불필요한 조치를 받아야 한다. 만약 코로나가 아니라 다른 질병에 대한 검사라면 어떨까. 예컨대 암에 걸렸다는 청천벽력과도 같은 진단을 받고 암이 아니라는 말을 듣기 전까지 상당한 고통을 겪어야 한다. 심지어 쓸데없는 치료까지 받게 될지도 모른다. 정확도가 99퍼센트라는 것은 검사가 올바르게 수행되는 비율이다. 하지만 나머지 1퍼센트의 확률로 가짜 양성 반응이 나올 것이다. 이는 곧 모든 양성 반응 중 1퍼센트는 감염되지 않은 사람에게서 나온다는 의미다.

안타깝게도 이것은 우리가 정말로 알고 싶은 정보가 아니다. 1퍼센트라는 수치는 병에 걸리지 않았는데 양성 반응이 나올 확률이다. 하지만 정작 우리가 알고 싶은 건 양성 반응이 나왔을 때 실제로 병에 걸리지 않았을 확률이다. 별 차이 없는 것처럼 들리겠지만, 수치로 따져보면 엄청나게 다르다.

매일 100만 명의 진단검사가 이루어지며 감염률이 10만 명당 200명이라고 치자. 베이즈 정리이미 알고 있는 정보를 바탕으로 알고 싶은 정보를 추론하는 방법 — 옮긴이를 적용하려면 이 수치 정보가 필요하다. 베이즈 정리는 이미 알고 있는 정보와 알고 싶은 정보를 교환해서 더욱 정확한 결론을 끌어내는 수학적 기법이다. 한번 계산해 보자. 의외로 간단하다.

만약 10만 명 중 200명이 병에 걸린다면 검사를 받은 100만 명 중 평균 2천 명이 감염될 것이고, 998만 명은 감염되지 않을 것이다. 70퍼센트의 민감도는 감염된 2천 명 중 70퍼센트인 1천 4백 명이 양성 반응을 얻는다는 뜻이고, 99퍼센트의 특이도는 감염되지 않은 99만 8천 명 중 1퍼센트인 9천 980명이 양성 반응을 얻는다는 뜻이다.

모두 합해보면 9,980+1,400=11,380개에서 양성 결과가 나올 것이다. 이 중 1천 400개만이 정확한 결과다. 그러므로 양성 결과를 얻은 후, 병에 걸렸을 확률은 1만 1천 380분의 1천 400개다. 즉, 양성 결과의 약 12퍼센트만 정확하게 나올 것이다.

상상을 초월할 만큼 너무나 놀랍기에 한 번 더 설명하겠다. 정확도가 99퍼센트인 검사로 병에 걸렸다는 말을 듣는다면, 12퍼센트의 확률로 사실이고, 88퍼센트의 확률로 거짓이다. 당신이 어떤 검사에서 양성 판정을 받았다고 가정하자. 그 검사의 정확도는 검사가 얼마나 제대로 이루어졌는지, 검사를 얼마나 많이 하는지, 그 질병이 얼마나 유행하는지에 좌우된다.

그렇다고 검사를 피하거나 검사 결과를 무시해야 한다는 뜻은 아니다. 당신이 어떠한 질병에 관해 검사를 받는다면, 평소와 다른 상태에 놓여있기 때문이다. 예컨대 증상이 있거나 감염된 사람과 접촉했을 수 있다. 이러한 상황에서 당신은 이제 일반적인 인구 집단에 속하지 않는다. 증상이 있는 사람들 사이에서 나타나는 유병률은 일반적인 인구 집단에서보다 훨씬 높으므로, 병에 걸렸을 확률이 10만 명 중 200명보다 월등히 높은 상태로 시작한다.

그러나 검사를 정기적으로 받는 경우에는 '정확도'라는 의미를 검사에 대한 것에서 질병의 유무에 대한 것으로 바꿀 필요가 있다. 이 문제는 의사들도 이해하기 위해 안간힘을 쓴다. 질병이 비교적 드물게 발생하는데 검사를 많이 한다면, 검사의 작은 부정확성이 대단히 많은 거짓 양성을 초래할 수 있다.

사실 토스트는 버터 바른 면이 바닥으로 떨어지지 않는다

일이 갈수록 꼬이기만 할 때 '머피의 법칙'이라는 말을 쓴다. 자신의 무능이 드러날 때까지 승진하는 현상을 의미하는 '피터의 법칙'이라는 말도 있다. 이처럼 우리 주변에는 재미있는 관찰 법칙이 많다. 재미있긴 하지만, 이 경험 법칙이 현실에 그대로 적용되기도 한다.

예컨대 버스는 배차 간격이 일정하지 않고, 올 때 한꺼번에 몰려오기 일쑤다. 버스 몰림 현상은 승객을 많이 태우는 버스가 예상보다 정류장에 오래 머물기 때문에 발생한다. 이런 이유로 다음 버스가 정류장에 도착하기까지 걸리는 시간이 짧아진다. 곧이어 도착하는 버스는 정류장에 승객이 없어 멈출 필요가 없을 수 있다. 그러다가 앞차가 정류장에서 기다리던 승객을 더 이상 태울 수 없게 꽉 차게 되고, 이때부터 두 번째 버스와 세 번째 버스 사이의 시간 간격은 줄어들기 시작한다.

하지만 이러한 관찰 효과 중 일부는 실제로 일어났다기보다 선택적 기억의 문제에 더 가까워 보인다. 우리는 크게 불편함을 느꼈거나, 어떤 식으로든 눈에 띄는 사건을 쉽게 기억하기 때문이다. 기차나 비행기가 제시간에 맞춰 도착했던 여행보다 심각한 연착이 있었던 여행이 기억에 강렬하게 남는 것처럼 말이다.

이는 우리가 우연의 일치에 놀라는 이유이기도 하다. 한번은 횡단보도를 건너다가 대학교 때 알고 지낸 사람과 우연히 마주친 적이 있다. 전에 그를 늘 보던 장소에서 약 320킬로미터나 멀리 떨어진 지역이었다. 지금껏 살면서 길을 건널 때 수많은 사람을 지나쳤지만 아는 사람을 우연히 알아본 적은 거의 드물었다. 그저 그 뜻밖의 만남이 내 기억에 선명하게 남았을 뿐이다. 마찬가지로 방금 머리에 떠올린 사람이 전화를 걸어오면 신기할 수도 있다. 지금까지 그 사람을 떠올릴 때마다 곧바로 전화가 걸려 오지 않았던 때가 얼마나 많았는지, 일일이 세어보기 전까지는 말이다.

'토스트는 버터를 바른 면이 바닥으로 떨어진다'는 생각도 선택적 기억의 문제로 보면 아주 합리적일 것 같다. 하지만 이것은 근거 없는 속설을 근거 없이 폐기한 사례다. 왜냐하면 토스트를 떨어뜨렸다고 가정했을 때, 버터를 바른 면이 바닥을 향해 떨어질 가능성이 더 크기 때문이다. BBC에서 그들이 예상했던 대로 버터를 바른 면이 50퍼센트의 확률로 바닥에 떨어진다는 사실을 보여주며, 이 속설이 사실이 아니라는 것을 '증명'하는 방송까지 내보냈지만 말이다.

만약 버터 바른 토스트에 대한 물리학적 설명을 찾는다면

'공기 역학적' 효과라고 생각할지도 모르겠다. 일단 토스트 한 조각에 버터를 바르면 버터를 바른 면과 그렇지 않은 면은 그 특성이 달라진다. 겉모습과 촉감이 변하는 것이다. 말이다. 그러니 공기의 움직임 역시 다르게 작용할 테고, 토스트가 떨어지는 방식도 달라질 것만 같다. 하지만 공기 역학의 원리와는 아무 상관이 없다.

BBC의 실험이 실패한 원인, 즉 버터 바른 면이 바닥으로 떨어질 가능성이 큰 이유는 현실 세계에서 토스트가 바닥에 떨어지는 방식 때문이다. 방송에서는 토스트를 동전처럼 공중에 높이 던져올렸고, 동전 던지기의 결과와 마찬가지로 50대 50의 확률이 나왔다. 하지만 현실에서는 토스트가 그런 식으로 바닥에 떨어지지 않는다. 일반적으로 토스트는 접시에서 미끄러지거나 손에서 빠져나가거나 허리 높이의 조리대에서 떨어진다. 이때 토스트는 한쪽 가장자리부터 떨어지기 시작하면서 회전한다. 하지만 처음의 평평하고 안전한 장소에서 떨어져 바닥에 닿을 때까지 토스트는 보통 반 바퀴만 돌 수 있다. 우리는 일반적으로 버터 바른 면을 위로 두고 시작한다. 그래서 토스트가 반 바퀴 돌고 나서 주방 바닥과 맞닿는 부분은 버터 바른 면이 된다.

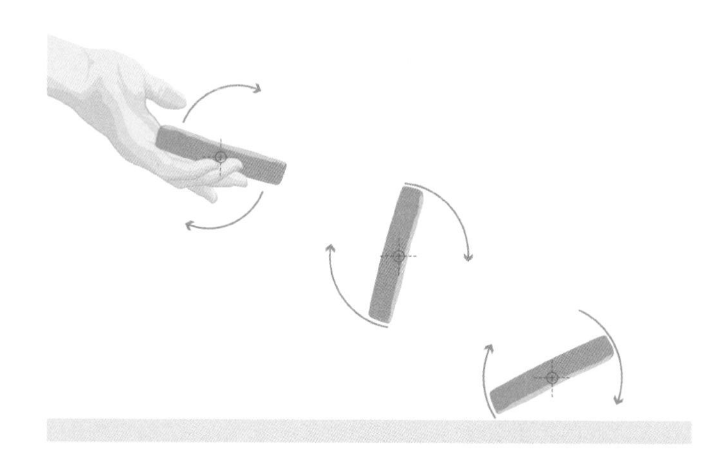

흥미롭게도 동전 던지기조차 처음에 동전의 어떤 면을 위로 두고 던지는지에 따라 결과에 영향을 끼친다. 동전을 던질 때 처음에 위를 향한 면은 마지막에도 위를 향할 확률이 약간 높다. 동전을 공중에 던져 날아가는 모습을 분석해 보면, 처음에 위를 향한 면이 윗면 상태로 공중에 더 오래 머물렀다. 하지만 동전 던지기 실험의 결과는 여전히 BBC의 토스트 실험처럼 50대 50의 확률에 매우 가깝다.

태양은 노란색이다

색연필을 한 뭉치 주고 태양을 그려보라고 하면, 어른 아이 할 것 없이 대부분 밝은 노란색으로 그릴 것이다. 그러나 실제로 태양은 흰색이며 전혀 노랗지 않다.

우리가 어떤 물체에 특정한 색이 있다고 말하는 방식을 생각해 보자. 물체는 흰색 빛이 닿으면 일부 스펙트럼을 반사한다. 물체에 처음 닿는 빛은 노란색이 아니라 흰색이다. 태양의 스펙트럼은 빨간색부터 보라색까지 모든 색을 포함하며, 빗방울이 스펙트럼을 무지개로 나눌 때 전체 스펙트럼이 나타난다. 애초에 빛이 노란색이라면 무지개는 지금처럼 흥미롭지 않을 것이다.

태양은 너무 밝아서 맨눈으로 관측하면 위험하다. 그래서 현명하게도 우리는 태양이 질 때가 되어서야 비로소 태양의 붉은 빛을 볼 수 있는 것이다. 하지만 사실 태양의 색은 시간과 관련이 없다. 낮과 밤이 생기는 건 태양이 아니라 오로지 지구의 자전에 달려 있다. 바꾸어 말하면, 태양의 색이 변하는 건 지구의 자전에 의한 현상이지 태양 자체와는 아무런 관련이 없다는 뜻이다.

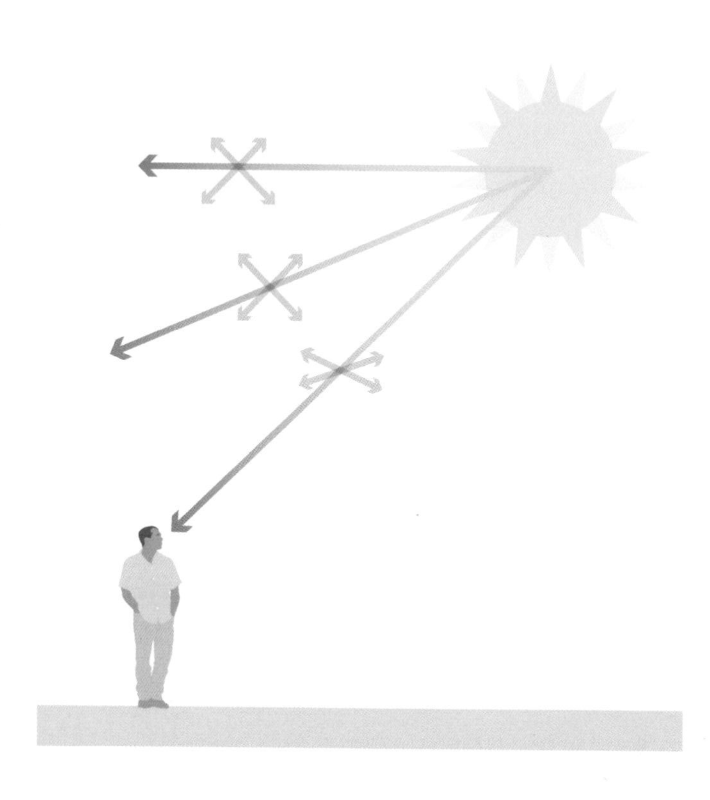

태양 빛이 다르게 보이도록 하는 또 다른 범인은 바로 지구의 대기다. 대기 중의 기체는 태양 빛을 쉽게 산란한다. 빛 산란이 일어날 때 기체 분자는 일부 광자를 흡수하며, 또 어떤 광자는 여러 방향으로 반사한다. 스펙트럼의 빨간색 영역보다 파란색, 보라색 영역의 빛을 더욱 효과적으로 산란한다. 대부분의 빨간색과 노란색은 대기를 그대로 통과하지만, 파란색과 보라색은 상당히 많은 양이 산란한다.

우리는 이 빛의 산란을 또렷하게 볼 수 있다. 파란색에서 보라색까지의 빛은 산란하기 때문에 지구에 도달하기도 전에 사방으로 퍼진다. 그래서 하늘이 파랗게 보이는 것이다. 그리고 우리를 비추는 흰색 빛에서 스펙트럼의 파란색 영역이 없어졌기 때문에 태양은 실제 색과는 다른 색을 띠는 것처럼 보인다. 태양이 상대적으로 하늘 높이 떠 있을 때는 노란빛이 돈다. 태양이 지평선에 가까워질수록 태양 빛은 대기를 비스듬하게 통과하고, 대기를 통과하는 경로가 길어진다. 빛의 경로가 길어지면 더 많은 기체 분자와 부딪히게 된다. 그 결과, 산란이 더 많이 일어나면서 태양은 점점 더 붉게 보인다. 하지만, 아무리 그래도 태양 빛 자체가 흰색이라는 사실은 변함없다.

이러한 잘못된 사실을 바로 잡아야 할 천문학자들이 한술 더 떠 태양을 황색 왜성yellow dwarf이라고 부른다. 태양은 G형 주계열성에 속한다. G형은 흰색인데 황색이라는 표현은 태양이 노랗다는 전통적인 오해에서 비롯되었다. 심지어 천문학자들도 태양을 노란색으로 칠한다고 한다. '왜성'이라는 말도 마치 태양이 다른 별들에 비해 어둡고 작은 별처럼 들리게 한다. 실제로 태양은 모든 별 중 상위 10퍼센트 안에 들 정도로 밝다. 크기 역시도 중간 정도에 해당한다.

달의 위상은
지구의 그림자 때문에 변한다

우리는 밤하늘에 뜨는 달에 워낙 익숙해져서 달이 얼마나 놀랍고 아름다운 것인지 쉽게 간과한다. 달은 태양계에서 가장 큰 위성은 아니지만목성과 토성 사이에는 달보다 큰 위성이 네 개나 있다 평균적인 위성의 크기를 고려했을 때 지구에게는 상당히 거대한 위성이다.

달이 없었다면 지구에 생명이 움트지도 못했을 것이다. 그 첫 번째 근거는 달이 형성된 방식이다. 아마도 행성 크기의 물체가 초기 지구와 충돌했을 때 달이 탄생한 것으로 추측된다. 이 충격에 우주로 튕겨 나간 파편들이 뭉쳐져 달이 만들어졌고, 지구의 물리적 구성이 특이하게 바뀌었다. 지구의 지각은 더욱 얇아졌으며, 이로 인해 많은 온실가스가 대기 중에 방출되면서 생명체가 살 수 있을 정도로 따뜻해졌다. 철로 이루어진 지구의 핵도 충돌의 여파 때문에 비정상적으로 커졌다. 그래서 '태양풍'이라는 파괴적인 에너지로부터 우리를 보호하는 강력한 자기장을 생성하게 된다. 두 번째 근거는 달이 지구의 기울기를 안정시켜 생명체가 태어나고 잘 자랄 수 있도록 기후를 일정하게 유지해 준다는 것이다.

달은 다른 면에서도 주목할 만하다. 순전히 우연의 일치로 달은 태양보다 400배 작고, 태양보다 지구와 약 400배 가깝다. 그 결과 달은 태양, 달, 지구 순서로 일직선이 되는 일식 현상이 일어날 때 태양을 제법 정확히 가린다. 달이 지구에서 점점 멀어지고 있어서 이 우연은 영원히 지속되지 않을 테지만, 앞으로 수천 년 동안은 변함없을 것이다.

또 다른 특징으로, 달은 미세하게 흔들리는 현상이 있기는 하지만 지구에서 보면 거의 같은 면만 보인다는 점이다. 달의 자전 주기와 공전 주기가 거의 일치하기 때문에 이런 일이 일어날 수밖에 없다. 이것도 놀라운 우연처럼 보이겠지만, 사실 우리가 보통 지구에만 작용한다고 여기는 조석 때문이다. 달의 중력은 태양의 도움을 받아 지구의 해수면이 주기적으로 오르내리는 조석 현상을 일으킨다. 지구가 달보다 월등히 무거우므로 달은 지구에 비해 조석을 일으키는 힘인 기조력에 더 큰 영향을 받는다. 달에는 끌어당길 물이 없으니 조석 작용으로 달 표면이 불룩 솟아났는데, 이 불룩한 부분은 반대편보다 지구의 중력을 더 강하게 받는다. 시간이 지남에 따라 이렇게 불거져 나온 부분이 달의 자전 속도와 공전 속도를 같게 맞췄다.

우리는 달의 한쪽 면만 볼 수 있다. 그래서 흔히 달의 뒷면을 어두운 면이건 전설의 앨범으로 손꼽는 〈The Dark Side Of The Moon〉을 발매한 영국 록 밴드 핑크 플로이드Pink Floyd의 책임이 크다이라고 부른다. 달의 뒷면도 우리가 보는 면과 마찬가지로 밝다. 그래서 우리 눈에 보이는 달의 겉보기 모양인 위상이 변하는 것이다. 우리가 보는 면이 모두 밝은 보름달이 아니거나, 완전히 어둠에 잠기는 삭이 아닐 때는 달의 일부가 그림자에 가려진 것이다. 알아보기 어렵겠지만 가끔 그늘진 부분이 어렴풋이 보이기도 한다. 그 그늘을 두고 우리는 달을 비추는 태양 빛을 지구가 가려서 생긴 그림자라고 생각하고는 한다. 그게 가장 자연스러운 결론이지만 사실은 그렇지 않다.

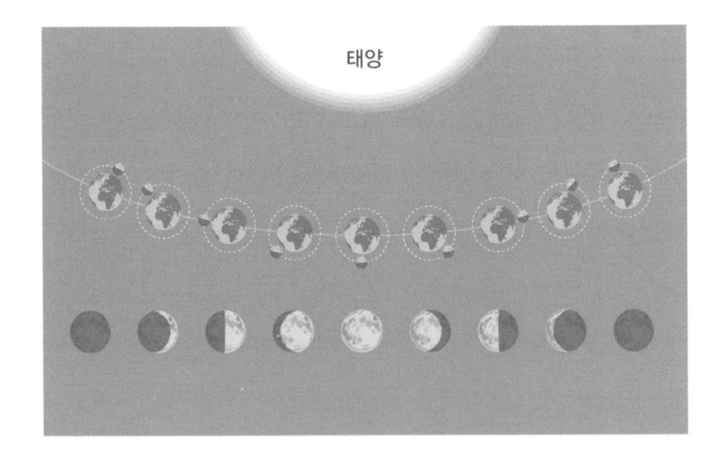

지구가 없고 그 자리에 당신이 우주복을 입고 떠 있다고 쳐도 달의 위상은 변할 것이다. 그것은 단순히 달이 태양 빛을 받는 각도의 문제다. 빛이 우리가 보이는 면을 가득 비추면 보름

달이 뜨는 것이고, 반대편을 가득 비추면 달의 뒷면만 밝게 빛을 받아 삭이 된다. 태양이 달을 비스듬히 비춰줘서 우리가 보는 달의 일부분만 빛날 때가 많다.

마지막으로 달에 관한 놀라운 사실은 달이 보기보다 매우 작다는 것이다. 아직 완전히 설명되지 않는 착시 현상 때문에 달이 실제 크기보다 더 크게 보인다. 이런 이유로 망원 렌즈를 사용하지 않고 달 사진을 찍으면 아주 작아 보인다. 지구에서 본 달의 실제 크기는 펀치로 종이에 구멍을 뚫고 팔을 쭉 뻗어 종이를 들었을 때 보이는 구멍 크기와 비슷하다.

항산화제는 좋고 활성산소는 나쁘다

과학적으로 접근하는 의학 분야와 달리 건강산업에서는 기대하는 반응을 유도하기 위해 가치판단이 담긴 단어loaded word를 많이 사용한다. 이 단어들에는 감정적인 요소가 함축되어 있다. 그래서 원래의 뜻 이상의 긍정적이거나 부정적인 반응을 강하게 불러일으킨다. 이는 과학이 광범위한 분야에서 대중에게 어떻게 전달되고 이해되는지를 보여준다. 미디어는 우리 주변의 세상을 단순하고 쉽게 설명하기를 좋아한다. 하지만 과학에서 얻는 핵심 교훈 중 하나는 세상 만물이 생각하는 것처럼 결코 단순하지 않다는 것이다. 무슨 일이 벌어지는지 이해하려면 더 자세한 분석이 필요하다.

이 복잡성의 가장 극적인 예는 기후 변화 분야에 있다. 기후 변화에 관한 대부분의 언론 보도를 읽어 보면 온실가스는 법으로 규제해야 할 해악으로 여겨진다. 그러나 온실가스는 해롭지 않다. 대기에 온실가스가 없다면 지구는 영원히 물 한 방울 없는 눈덩이가 될 것이다. 생명체가 살 수 없는 땅이 되는 건 당연한 결과다. 온실가스가 대기를 따뜻하게 덮어주지 않으면 지구의 평균 온도는 -18도로, 현재 수준보다 약 33도 떨어지고 만다. 온도를 생명체가 생존 가능한 범위로 유지하려면 일정 수준의 온실가스는 꼭 필요하다. 지구의 역사를 통틀어 보면, 온실가스의 농도는 꽁꽁 얼어붙은 얼음 세상에서 찜통 같은 열대 환경으로 바꾸는 등, 지구의 환경을 다양하게 변화시켜왔다. 온실가스 자체가 나쁜 것이 아니라, 온실가스의 농도를 적정 범위 안에 두는 것이 중요하다. 물론, 산업혁명 이후 적정 범위를 넘어가기는 했지만 말이다.

마찬가지로 항산화제와 활성산소의 관계도 그렇다. 두 물질은 서로 균형을 이루고 있는 상태지, 단순하게 항산화제는 좋고 활성산소는 나쁘다는 뜻이 아니다. 이 극명한 대조가 잘못된 인상을 심어줄 수 있다. 물론, 항산화제가 생명체에 중요한 역할을 담당하기는 한다. 그러나 항산화제를 여기저기 무조건 첨가한다고 해서 더 나은 제품이 되는 건 아니다. 항산화제를 샴푸에 넣는다고 머리카락에 도움이 되지 않는다. 더 놀랍게도 항산화 성분이 풍부한 음식을 섭취해도 체내 항산화 수치에 그다지 영향을 주지 않는다.

이 궁금증을 풀기 위해 우선, 항산화제와 활성산소라는 두 화학물질이 무슨 일을 하는지 살펴보는 것이 좋겠다. 활성산소는 자유라디칼free radical이라는 이름으로도 불린다. 이 물질은 가장 바깥에 있는 띠에 하나 이상의 전자를 가지고 있어 다른 원자나 분자와 반응을 잘 한다. 애초에 자유라디칼의 '자유'도

몸의 특정 부위에 갇히지 않는다는 의미다. 활성산소는 몸이 박테리아를 물리치는 면역체계를 강화하거나, 세포 내에서 신호를 전달하는 작용하는 등 신체에서 중요한 일을 한다. 하지만 활성산소는 반응성이 워낙 크기 때문에 통제하지 않으면 해를 끼치기도 한다. 잠재적인 부작용 중 하나가 바로 DNA 손상과 암, 심혈관 문제, 당뇨병의 발병이다.

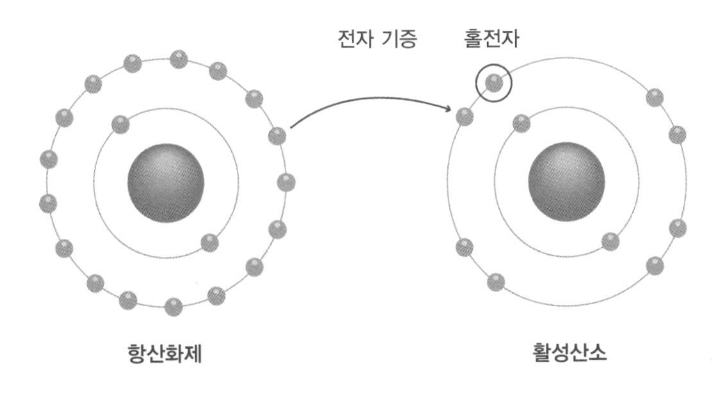

이러한 이유로 신체는 항산화제를 이용한다. 항산화제는 바깥 둘레에 전자를 채워 넣어 활성산소가 산화되지 못하도록 막는다. 가장 잘 알려진 항산화제로는 비타민 A, C, E가 있으며 건강한 음식을 통해 풍부하게 얻을 수 있다. 또한, 우리 몸은 활성산소의 달갑지 않은 영향에 대응하기 위해 '글루타치온' 같은 수많은 항산화제와 방어 효소를 만들어내기도 한다. 그러니 식단을 제대로 구성한다면 항산화제가 풍부한 보충제를 따로 섭취할 필요는 없어 보인다.

하지만 항산화제에 집착하는 것이 더 큰 문제다. 무엇이든 지나치면 독이 되는 법이다. 생명에 가장 필수 화학물질인 '물'도 너무 많이 마시면 몸에 해롭다. 항산화제를 한꺼번에 너무 많이 섭취해도 건강에 해롭기는 마찬가지다. 그렇다고 블루베리나 크랜베리 같은 '항산화 성분이 풍부한' 과일의 섭취를 줄이라는 뜻은 아니다. 풍부하다는 것은 상대적일 뿐이다. 물론 모든 과일에는 당이 들어 있다. 그래서 채소에 비해 적당히 섭취해야 하지만, 이런 과일을 조금 많이 먹는다고 건강에 해가 되지는 않을 것이다.

그러나 항산화 보충제를 지나치게 많이 먹는 것은 몸에 해를 끼칠 수 있다. 항산화제를 과다 복용하면 몸에서 자체적으로 생성하는 필수 항산화 물질의 양이 줄어들 수 있다. 체내에서 생성되는 항산화 물질이 그 어떤 보충제보다 훨씬 몸에 이롭고 바람직하다. 다만, 항산화제를 보충제로 복용해도 큰 문제가 되지는 않는다. 좋은 음식에서 항산화 물질을 적당히 얻는 것이 단연 좋지만, 보충제를 먹어야 한다면 하루 권장량을 지켜 복용해야 한다.

아마존 열대우림은 우리가 숨 쉬는 데 필요한 산소를 공급한다

세계의 열대우림 중에서도 아마존 열대우림은 환경 파괴로부터 지구를 지키는 상징으로 여겨진다. 그래서 우리는 나무가 울창하게 자란 이 거대한 지역을 '지구의 허파'엄밀히 말하면 아마존이 허파의 기능을 상실했다는 이미지를 심어 주려는 의도가 있다라고 부른다. 폐는 우리가 산소를 들이마시고 이산화탄소를 내뿜게 하는 장기다. 반면, 나무는 이산화탄소를 흡수하고 산소를 배출한다. 인간에게 나무가 꼭 필요한 이유다. 나무가 대기 중의 이산화탄소를 흡수하기 때문에 지구 온난화의 속도를 늦춘다는 관점에서 보면 좋은 일이다. '건강한 열대우림'은 귀중한 환경자산이다. 하지만 열대우림이 우리가 마시는 산소를 공급하는 데 필요하다는 것은 잘못된 정보다.

원래 지구의 산소 농도는 아주 낮았다. 그러다가 지구에 생명이 처음 나타났던 시기에 박테리아가 대기 중으로 산소를 뿜어냈다. 이를 기점으로 지구상에 존재하는 산소의 양은 약 20억 년 동안 거의 일정했다. 산소는 반응성이 큰 기체여서 초기 생명체들에는 치명적인 물질이었다. 하지만 지구는 산소 덕분에 완전히 새로운 생태계를 구축할 수 있었다.

열대우림이 산소 공급을 중단한다고 해서 지구상의 모든 산소가 사라진다는 것은 사실이 아니다. 산소 농도는 동물의 호흡이나 다른 화학 반응으로 인해 서서히 낮아지지만, 대부분의 산소는 바다에서 대기로 되돌아간다. 이는 플랑크톤이 광합성을 통해 대기 중의 이산화탄소를 빨아들이고 산소를 만들어낸 결과다. 즉, 육지 식물과 바다 플랑크톤의 메커니즘은 같다. 그 산소 중 일부는 물고기와 다른 해양 동물이 다시 사용한다.

동물은 어떻게든 산소를 사용하고, 식물과 플랑크톤은 산소를 생산하는 것이 아니다. 이 산소는 20억 년 전에 이미 지구상에 존재했던 것과 같은 산소다. 지구는 거대한 재순환 메커니즘을 가지고 있다는 걸 꼭 기억해야 한다.

그렇다면 아마존 열대우림은 산소 공급에 얼마나 큰 역할을 할까? 여기서 핵심은 첫 번째 단락에서 언급한 '건강한 열대우림'이라는 단어다. 울창하고 건강한 숲은 지구상의 산소 수준을 유지하는 데 도움이 된다. 하지만 아마존이 지구의 산소 수준에 기여하는 산소량은 터무니없이 부풀려져 있다. 걸핏하면 인용하는 수치는 아마존이 지구 전체 산소의 '20퍼센트'를 공급한다는 것이다. 그러니 아마존이 없다면 우리는 생존하지 못할 것이라고 한다. 그런데 현재 아마존의 건강 상태는 좋지 않다. 아마존의 산소 기여도가 그렇게 컸던 적도 없지만, 지금은 거의 없는 수준이다. 또한, 숲 바닥의 썩은 물질에 반응하는 박테리아가 부패 과정에서 산소를 빨아들이는 탓에 대기 중의 산소를 오히려 축내고 있을 정도다.

20퍼센트라는 수치는 그야말로 환상이다. 비록 대기 중에 있는 이산화탄소 수준이 우리의 기대보다 높기는 하지만 이산화탄소는 전체 대기의 약 0.4퍼센트, 산소는 약 20퍼센트 정도를 차지한다. 만약 열대우림이 지구 전체 산소의 20퍼센트를 생산한다면 아마존은 현재 대기에 있는 것보다 훨씬 많은 양의 이산화탄소를 흡수해야 한다. 그렇게 이산화탄소를 다 빨아들이면 끔찍한 일이 벌어진다. 온실가스가 없으면 지구는 얼어붙고, 결국 사람이 살지 못하는 땅이 될 것이다.

우리는 나무 심기를 좋아하지만, 관리되지 않은 숲은 산소를 만드는 가장 효과적인 방법이 아니다. 밤에는 나무가 산소를 다시 들이마시기 때문에 나무가 내뿜은 산소의 절반만 대기 중에 남아있다. 앞서 본 것처럼 숲 바닥을 가득 채운 썩은 물질에는 산소를 갈구하는 박테리아가 잔뜩 들어 있어, 대기 중에 남아있던 산소를 대부분 빨아들인다.

그렇다고 아마존이 나쁘다는 뜻은 아니다. 열대우림은 중요한 서식지이고, 대기 중의 이산화탄소를 어느 정도 흡수하는 역할을 한다. 전체 생태계에서 봤을 때 실질적으로 배출하는 산소는 얼마 되지 않지만 말이다. 그러니 아마존은 결코 지구의 허파가 아니다.

영화관의 잠재의식 메시지는 간식을 팔기 위해 사용되었다

관객이 영화관에 앉아 열심히 영화를 보고 있다. 그들은 영화 중간중간에 프레임이 몇 개 추가되어도 눈치채지 못한다. 이 프레임에는 관객이 과자와 음료를 사 먹게 하는 메시지가 담겨 있다. 그리고 놀랍게도 영화가 끝나기 무섭게 달콤하고 짭짤한 상품이 날개 돋친 듯 팔린다.

잠재의식 광고Subliminal advertising라는 개념은 이 실험을 통해 탄생했다. 이 실험은 메시지가 스크린에 너무 순식간에 나타났다가 사라져 눈으로 정확히 볼 수는 없지만, 뇌는 메시지를 받아들일 것이라는 가설에서 비롯되었다. 이러한 광고 기법은 워낙 은밀하게 사람을 조종하는 형태여서, 영국을 포함한 많은 나라에서 법으로 금지되었다. 이 실험이 재미있는 이유는 그 모든 것이 허위였기 때문이다.

'잠재의식'이라는 단어는 1880년대에 처음 등장했다. 그 당시, 사람이 의식하지 못할 정도로 아주 약한 감각 자극을 설명하기 위해 이 단어가 사용되었다. 하지만 1957년, 신문에서 잠재의식 광고를 언급하기 시작하자 그 단어가 주목받게 된다.

잠재의식에 대한 관심과 언론 보도가 갑자기 쏟아진 이유는 제임스 비커리James Vicary라는 시장 조사원이 발단이었다. 그는 미국 영화관에서 이러한 실험을 수행했다고 주장했다.

비커리는 미국 최대 광고 전문지인 〈애드버타이징 에이지Advertising Age〉라는 잡지에 실험 결과를 실었다. 그는 영화에 코카콜라와 팝콘의 이미지를 끼워 넣어 4만 5천 명이 넘는 관객에게 보여주었더니, 영화가 끝난 뒤 관객들이 간식을 사 먹게 되었다고 설명했다. 그때 콜라 판매량은 18.1퍼센트, 팝콘 판매량은 57.5퍼센트 증가했다고 주장했다.

당연히 비커리의 보고서는 심리학자들 사이에서 큰 파장을 일으켰다. 심리학자들이 앞다투어 실험을 재현했으나, 검증에 실패하고 만다. 이후, 이 수치는 모두 비커리가 지어낸 가짜이며 심지어는 실험조차 진행한 적이 없다는 사실이 낱낱이 드러났다. 실제 연구에 따르면 잠재의식 광고는 적게나마 영향을 미친다는 증거가 있기는 하나, 사람들이 사지 않을 물건을 사게끔 설득하는 힘은 없다는 것이 밝혀졌다. 만일 누군가가 이미 갈증을 느끼고 있다면 잠재의식 메시지가 그 감각을 일깨운 다음, 메시지에 따라 행동하도록 동기를 약간 높일 수 있다. 그리고 목마른 관객이 특정 상표의 콜라를 구매하도록 조금의 영향력을 끼칠 수는 있다는 결론이 나왔다. 애당초 비커리는 잠재의식 광고로 판매량을 대폭 늘릴 수 있다고 주장하면서도, 상표가 다른 물건을 사도록 부추기지는 못한다고 말한 적이 있다. 실제 실험 결과에 비추어 보면 비커리의 이 발언은 참으로 모순된다.

이야기는 여기서 끝나지 않는다. 2010년대 이후 심리학 같은 사회과학 분야에서 수행한 많은 연구에 결함이 있는 것으로 밝혀졌다. 이는 이른바 재현성 위기replication crisis로 이어졌다. 수많은 심리학 연구 결과를 재현하려는 시도가 있었지만, 그중 약 3분의 1만 같은 결과가 나왔다. 문제는 사회과학의 경우 물리학 같은 자연과학보다 과학적으로 증명해야 하는 부담에서 훨씬 자유롭다는 것이었다.

심리학에서 유의미한 결과를 얻는 데 필요한 조건은 p값이 0.05보다 작거나 같아야 한다는 점이다. 'p값'이란 두 가지 가설 중에서 하나를 택하는 통계적 가설 검정 이론에서 가장 많이 사용되는 것으로, 처음부터 버릴 것을 예상하는 가설인 '귀무가설'이 우연히 성립될 확률을 말한다. 쉽게 예를 들자면 흡연이 폐암과 관련이 있다는 사실을 증명하고자 한다면 이를 '대립가설'로 세우고 그 반대의 경우인 흡연과 폐암은 서로 관련이 없다는 것이 '귀무가설'이 된다. 이를 검정하기 위해서 귀무가설을 가정한 상태에서 귀무가설이 우연히 성립될 확률을 계산한 것을 p값이라고 한다. 즉, p값이 작을수록 귀무가설이 성립할 확률은 낮으므로, 검정에서 얻은 결과가 우연에 의한 것보다는 현상에 대한 실질적인 영향이 있는 것으로 판단한다.

p값이 0.05보다 작거나 같다는 것은 실제로 서로 연관이 없

다고 가정한 상태에서 귀무가설과 멀어진 강력한 증거가 나올 확률이 20분의 1이라는 의미다. 그렇다면 물리학과 비교해 보자. 물리학에서 최상의 기준은 *p*값이 0.000003인데, 원인 없이 우연에 따라 발생한 결과를 얻을 확률이 350만분의 1이라는 것을 의미한다. 더 큰 문제는 39장에서 언급한 의료 검사와 같은 문제를 안고 있다는 점이다. *p*값은 병에 걸리지 않았았을 때 우연히 결과가 양성으로 나오는, 가짜 양성을 얻을 확률이다. 정작 우리가 알고 싶은 것은 병에 걸리지 않았을 확률인데 말이다. 또 다른 문제는, 수많은 연구가 부실하게 설계되고 표본의 크기가 지나치게 작으며 특정 결과에 맞도록 데이터를 가려 뽑는 일이 흔했다는 것이다.

연구 방법에 대한 이러한 문제의식이 높아져 2015년 이후의 심리학 연구 결과를 더 신뢰할 수 있게 되었다. 하지만 잠재의식 광고가 널리 연구되던 시기의 연구 결과는 의심스럽다. 잠재의식 광고가 효과가 있든 없든, 사람들이 알아차리지 못하는 사이에 영향을 미치려는 시도는 윤리적 문제를 일으킬 수 있기 때문에 그 광고를 법으로 금지한 것은 옳았다고 주장할 수 있다. 하지만 잠재의식 광고가 영향을 거의 미치지 않았을 가능성이 크다.

바퀴벌레는 핵폭발에서 살아남을 수 있다

1950년대의 공상과학 영화를 본 사람이라면 핵폭발의 결과에 대한 이미지를 제법 구체적으로 가지고 있을 것이다. 생명체는 거의 전멸하고, 거대 개미나 치명적인 설치류 같은 괴물로 변할 것이다. 아마 방사능에 오염된 거미도 있을 테고, 이 방사능 거미에 물린 스파이더맨이 등장할지도 모른다. 어떤 개체가 살아남을 것인지에 대한 의견은 분분하나, 절대 멸종되지 않을 것이라 입을 모아 말하는 종이 딱 하나 있다. 바로 바퀴벌레다. 이것은 픽사의 영화 《월-E WALL-E》에도 찾아볼 수 있다. 텅 빈 지구에 홀로 남은 로봇에게는 핼Hal이라는 이름영화《2001 스페이스 오디세이2001: A Space Odyssey》에 나오는 인공지능 컴퓨터 HAL 9000과 '로렐과 하디Laurel and Hardy'를 발굴한 무성영화 제작자 핼 로치Hal Roach를 모두 가리키는 이중적 의미를 담은 유머로 보인다의 애완 바퀴벌레가 한 마리 있다.

핵이 폭발한 뒤의 모습을 실제로 확인하는 방법이 한 가지 있다. 우크라이나 체르노빌 주변의 시골 지역에 방문하는 것이다. 체르노빌 원자력 발전 사고는 인간의 실수와 원자로 설계의 결함이 복합적으로 작용해 발생한 사고다. 1986년 4월 26일, 비상 냉각 시스템을 시험하던 중 엔지니어가 실수로 원자로를 거의 정지시켰다. 엔지니어들은 에너지의 흐름을 유지하기 위해 안전 규정을 무시한 채 출력을 끌어 올렸다. 그때 갑자기 온도가 치솟으면서 증기압이 너무 올라가는 바람에 폭발이 일어나 원자로 뚜껑이 날아가는 대형 참사가 벌어졌다.

방사능은 인근 지역으로 넓게 퍼져나갔고, 사람들은 이렇게 오염된 지역에 발길을 끊어버렸다. 그렇다면 피폭 지역에는 크고 흉물스러운 괴물들이 살고 있을까? 그건 아니다. 사실 체르노빌 주변의 숲은 건강한 야생동물이 가득하다. 물론 많은 동물이 죽었지만, 살아남은 동물들은 정상적으로 번식을 계속했다. 그중에는 말할 것도 없이 바퀴벌레가 있었을 것이다. 이건 바퀴벌레가 핵폭발엄밀히 따지면 체르노빌 원전 사고는 핵폭발이 아니라 증기압에 따른 폭발로 방사성 물질이 유출된 것이다에서 살아남는 능력을 지녔기 때문이 아니다.

바퀴벌레는 확실히 생존능력이 뛰어나다. 흰개미와 사마귀의 친척뻘인 이 흔한 곤충은 알려진 것만 4천 종이 넘는다. 온갖 서식지에서 발견되지만, 이 중에서 수십 종만 인간과 같은 공간에서 함께 살아간다. 특히 식당 주방에 서식하며 우리가 떨어뜨린 음식물을 먹으면서 말이다.

실제로 다양한 바퀴벌레 종들은 극지방에서 열대지방에 이르기까지, 지구상의 거의 모든 기후에 잘 적응하며 살아간다. 바퀴벌레는 인간보다 훨씬 오래전부터 존재했다. 인류는 약 30만 년 전에, 인류의 조상은 수백만 년 전에 이 지구상에 출현했다. 하지만 바퀴벌레의 조상은 공룡이 멸종하기 훨씬 전인 약 3억 년 전에 처음 모습을 드러냈다.

바퀴벌레가 끈질긴 생명력을 지닌 곤충이라는 사실에는 의심의 여지가 없다. 하지만 그들이 예기치 못한 역경에서 살아남았다는 기록은 찾아볼 수 없다. 극한의 상황에서 살아남은 기록이 있는 동물은 느리게 걷는 완보동물인 물곰tardigrade이다. 물곰은 지네의 먼 친척에 해당한다. 몸길이는 약 0.5밀리미터로, 이상하게 생긴 작디작은 생명체다. 이들은 극심한 더위와 추위, 탈수, 식량 부족, 심지어는 우주 공간에서도 살아남았다. 물곰에 비하면 바퀴벌레는 아무것도 아니다. 바퀴벌레는 -6도에서 열두 시간까지 살아남았고, 물곰은 -20도에서 30년 동안, -200도에서도 며칠 동안 용케 살아있었다.

핵폭발이 일어나도 바퀴벌레가 우리보다 오래 살아남을 것이라는 생각은 언제부터 시작되었을까. 아마도 1945년, 일본에 핵폭탄이 떨어졌을 때 잔해 사이로 바퀴벌레가 목격되면서 시작된 것 같다. 물론, 바퀴벌레는 우리보다 더 많은 방사능에서 살아남을 수 있다. 바퀴벌레를 죽이려면 인간보다 열 배나 많은 방사능이 필요하기 때문이다. 그러나 이들의 생존능력은 물곰에 비하면 그저 평범한 수준이다. 이 놀라운 생명체는 인간이 견딜 수 있는 한계의 천배까지 버틴다. 그러므로 인간이 멸망의 길로 가고 다른 생명체가 지구를 점령한다면, 그것은 다름 아닌 물곰이 될 것이다.

생선은 뇌 건강에 도움이 된다

생선은 육류를 대체해 섭취할 수 있는 건강한 음식이다. 아주 먼 옛날부터 부모들은 생선이 뇌 건강에 좋은 음식이라 믿었고, 아이들을 어르고 달래 생선을 먹이고자 노력했다. 어쩌다가 생선이 뇌 건강에 좋다는 주장이 나왔는지, 그 기원은 정확히 알 수 없다. 다만, 최근 주장을 살펴보면 기름기 많은 생선과 피쉬오일 보충제에 오메가3 지방산이 들어있는 것과 관련이 있는 것으로 보인다.

오메가3 지방산은 탄소 사슬 끝의 세 번째 분자그래서 오메가3라고 부른다에서 발생하는 이중 결합이다. 이 기름은 피쉬오일에 많이 포함되어 있으나, 일부 견과류나 씨앗에도 들어 있다. 일반적으로 이러한 기름은 보충제보다도 기름진 생선을 섭취해 얻는 것이 훨씬 좋다고 여겨진다. 무엇보다 생선 기름 보충제에는 비타민 A 함유량이 상당히 높아 과다 섭취할 우려가 있다.

음식이 인지 능력에 도움이 된다는 주장을 제대로 평가하기는 어렵다. 음식과 다른 요소들을 분리하기가 매우 어렵기 때문이다. 예컨대 식습관이 좋은 가정에서는 아이들의 뇌 발달에 도움이 되는 것이라면 그게 무엇이든 가리지 않고 아낌없이 지원하고 있을 것이다. 그러니 어떤 음식이 뇌 발달에 도움이 되는지 밝히는 일은 쉽지 않다. 또한, 이와 관련된 연구를 살펴보면 그 표본의 규모가 너무 작고, 환경을 적절히 통제하지 못한 채로 허술하게 진행되었다. 그런데도 매체에서는 생선, 특히 오메가3의 지방산이 뇌 건강에 도움이 된다는 증거가 있다며 반복해서 주장한다.

영국 잉글랜드 북동부 지역에서 이와 관련된 실험을 두 차례 진행한 적이 있다. 언론에서는 이를 상당히 비중 있게 다루었다. 첫 번째 실험은 100명가량 되는 아이들을 대상으로 오메가3 캡슐을 먹이는 방법으로 이루어졌다. 실험 참여자의 수가 비교적 적기는 했지만, 아이들과 연구자들의 기대가 실험 결과에 반영되지 않도록 '이중 은폐' 기법을 사용했다는 점에서 제법 괜찮았다. BBC는 결과가 발표되기도 전에 이 실험을 보도했고, 학업이 뒤처져 있던 엘리엇이라는 한 학생이 극적인 변화를 보였다고 주장했다. '지난 1년 동안 엘리엇에게 극적인 변화가 일어났다. 그는 해리포터 시리즈를 엄청난 속도로 읽더니 이제는 학교 종이 울리면 도서관으로 발걸음을 옮긴다'라며 야단스럽게 기사를 쏟아냈다. 이는 참으로 무책임한 보도였다. 이중 은폐 실험이었기 때문에 엘리엇이 오메가3를 복용하지 않았을 가능성이 충분했다. 그리고 결과가 발표되었을 때도 전반적으로 이렇다 할 효과가 없는 것이 밝혀졌다.

두 번째 실험은 규모 면에서 훨씬 나아 보인다. 3천 명의 아이들을 대상으로 피쉬오일을 보충제를 복용하게 했고, 연구결과는 피쉬오일의 긍정적인 효과를 뒷받침했다. 하지만 실험은 피쉬오일 회사에서 자체적으로 진행한 것이었고, 변수가 통제되지 않았다. 피쉬오일을 먹은 사람들과 그렇지 않은 사람들을 비교하지 않았기 때문이다. 실험이 채 끝나기도 전에 2천여 명의 아이들이 중도에 하차했다. 무엇보다 문제는 '긍정적인 결과'를 기대하며 실험을 수행한 연구자들이었다. 게다가 실험에 참여한 사람 중 일부만을 다루어 결과를 발표했다. 유리한 증거만 쏙쏙 골라내 연구진 입맛에 맞게 결론을 도출했으니, 실험 결과는 그야말로 무용지물이 되었다.

임상 실험을 평가하는 세계 최고의 기관인 〈코크란 리뷰 Cochrane Reviews〉는 피쉬오일 보충제를 복용하더라도 유의미한 이점을 얻지 못한다고 밝혔다. 이 연구 결과를 고려했을 때 오히려 노인에게는 부정적인 영향을 미치며, 임산부가 섭취했을 때는 태어날 아이에게 적게나마 부정적 영향을 미칠 수 있을 것으로 보인다. 따라서 생선은 뇌 건강에 도움이 되는 음식이 아니다. 딱 두 가지 식품만 인지 능력에 주목할 만한 효과가 있다. 모유를 먹은 아기, 그리고 커피를 마신 중년층은 인지 능력이 약간 향상된다.

텔레비전과 영화는 시각의 지속성 때문에 움직이는 영상으로 보인다

우리가 영화관, 텔레비전, 인터넷에서 접했던 움직이는 영상은 가만 생각하면 참으로 이상하다. 이 영상들은 실제로 전혀 움직이지 않는다. 화면에 표시된 것은 일련의 정지 이미지 또는 '프레임'이다. 일반적으로 동영상은 1초당 24장에서 50장의 사진, 즉 프레임으로 구성되어 있다. 그런데도 우리는 그것을 현실 세계에서 보는 움직임과 똑같은 것으로 인지한다.

동영상을 만드는 기술은 사진술이 탄생하기 이전으로 거슬러 올라간다. 1820년대와 1830년대에는 더마트로프thaumatrope, 페나키스토프phenakiscope, 조에트로프zoetrope 초기 애니메이션 기구 — 옮긴이와 같은 재미있는 이름의 장난감을 가지고 놀 수 있게 되었다. 이 장난감들은 회전하는 디스크나 실린더를 사용해 이미지를 한 번에 한 장씩 빠른 속도로 보여주며 인상적인 움직임을 만들어냈다. 1878년, 영국계 미국인 사진작가인 에드워드 마이브리지Eadweard Muybridge는 움직이는 동물과 사람을 연속으로 빠르게 촬영한 사진들을 모아 조에트로프로 시연했고, 1879년부터는 주프락시스코프zoopraxiscop라고 부르는 영사기를 통해 상영했다.

지금까지 이 눈속임의 원리는 '시각의 지속성'이라는 개념으로 설명되었다. 이는 영화가 등장한 시기에 나온 설명이었는데, 20세기 내내 일반적인 개념으로 받아들여졌다. 애니메이션 기구를 돌리면 정지된 프레임들은 순서대로 빠르게 지나간다. 각각의 프레임이 지나가며 망막에 잔상 효과를 남기는데, 이로 인해 프레임 간의 차이가 움직임 때문인 것처럼 보이게 한다는 생각이 바로 시각의 지속성 개념이다.

그러나 이 설명은 완전히 폐기되었다. 거기에는 두 가지 문제가 있다. 빠르게 지나가는 프레임을 보면 시각적 잔상을 얻을 수야 있겠지만, 잔상이란 이미지가 사라진 후 50밀리초1밀리초는 1초의 1천 분의 1이다 — 옮긴이가 지나야 생긴다. 하지만 이는 지나가는 이미지 사이가 빛이 깜빡이는 것처럼 보이는 '플리커 현상'을 피할 정도로 그 속도가 빠르지 않다. 이러한 문제점 때문에 시각의 지속성에 대한 전반적인 생각은 잘못되었다. 움직임을 만들어내는 방법 면에서 논리적으로 말이 안 되는 것이다. 영화 필름의 정지된 프레임을 두 장 정도 겹쳐서 보면 뒤죽박죽 섞여 형체를 알아보기 어렵다.

영화는 시각이 일으킬 잠재적인 문제를 덮기 위해 눈과 뇌를 속여 만들어 낸 수많은 착시 현상 중 하나에 불과하다. 우리는 카메라가 장면을 포착하는 방식으로 주변 세상을 보지 않기 때문이다. 뇌는 시신경에서 전달되어 들어오는 신호의 다양한 측면을 기록하고 모양, 테두리, 음양의 대비와 같은 세부 정보를 알아낸다. 이러한 데이터를 바탕으로 우리는 이미지를 짜 맞춰 세상이 어떤 모습인지 파악한다.

눈과 뇌가 어떻게 기능하는지를 생각하면 이는 그다지 놀라운 일도 아니다. 예를 들어 눈 뒷부분의 맹점이라는 곳에는 빛 수용체가 없어서 시각 작용이 일어나지 않는다. 그러나 우리 뇌는 양쪽 눈의 시각 정보를 이용해 빠진 부분을 만들어 채워 넣는다. 게다가 우리 눈은 매우 빠르고 불규칙하게 이리저리 움직이는 단속성 안구 운동saccades을 한다. 만약 우리가 우리의 눈이 보는 것을 그대로 보게 된다면 시야는 끝도 없이 마구 흔들려 아마추어가 카메라를 직접 들고 찍은 영상보다 훨씬 못할 것이다. 우리 뇌는 이 모든 것을 편집해 흔들림은 없지만 엄밀하게는 실제와 다른 관점을 만든다.

우리가 화면에서 일련의 정지 영상을 매끄럽게 움직이는 것처럼 볼 수 있는 이유는 시각의 지속성과 아무런 관련이 없다. 그것은 시각 담당 모듈이 일관된 전체 그림을 그리기 위해 요소를 짜 맞추다가 생긴 뜻밖의 부작용이다. 대부분의 착시 현상은 순간적인 재미를 선사하거나, 그저 어리둥절하게 만든다.

달을 실제보다 더 크게 보이게 하는 착시처럼 말이다. 하지만 움직이는 이미지의 착시현상은 영화나 애니메이션, 비디오 게임 등 우리가 좋아하는 형태의 오락물을 만들어낸다.

진화는 수백만 년에 걸쳐 일어난다

아직도 사회 곳곳에서 진화론을 둘러싸고 논쟁이 벌어진다. 그러나 과학의 관점으로 보자면 논란의 여지는 조금도 없다. 진화는 종이 발달하는 방식이다. 그리고 이제 우리는 이 개념을 단순한 상식 정도로 여긴다. 생명체는 개별적인 특성을 자손 대대로 물려준다. 이러한 특징은 개체마다 다르다. 모든 것은 유전적 변이 안에서 이루어지며, '유전적 성질'은 당연하게만 느껴진다. 개체가 특정 환경 환경에서 얼마나 잘 살아남느냐는 유전적인 특성에 달려 있다. 그러므로 생존하는 데 도움이 되는 특성을 가진 개체가 그 특성을 자손에게 전해줄 가능성이 큰 것은 어쩌면 자연스러운 일이다.

진화론을 받아들이지 않는 사람들은 종이 특정 환경에서 더 잘 살아남기 위해 변화를 일으키는 소진화microevolution를 받아들이지만, 새로운 종이 이전 종에서 진화한다는 주장은 못마땅하게 여긴다. 이는 종이 발달하고 변화하는 방식이 뭔가 이상하다고 느끼기 때문이다. 과학적으로 자손은 모두 부모와 같은 종이다. 그러니 새로운 종이 진화한다는 것은 정말로 불가능하다고 생각할 수 있다. 그러나 이론과 달리 실제로는 불가능하지 않다.

무지개의 색깔에 비유하면 이해하는 데 도움이 될 것이다. 앞서 보았듯이 무지개의 색깔은 일곱 가지보다 훨씬 많다. 일반적으로 우리가 사용하는 컴퓨터 화면에 표현할 수 있는 색상도 1천 600만 가지가 훌쩍 넘는다. 1천 600만 가지가 넘는 색상 중 인접한 두 가지 색깔을 쳐다보면 눈으로 구별할 수 없다. 색깔은 언제나 옆에 나란히 있는 색과 '똑같은' 색이기 때문이다. 그러나 전체적인 스펙트럼을 가로질러 보면 색이 급격하게 바뀐다. 종도 마찬가지다. 이미 확정된 것이 아니라, 특성이 차곡차곡 쌓인 것이다. 이러한 특성에 충분히 큰 변화가 생길 때 새로운 종이 탄생한다.

박테리아 같은 생물체가 진화해 우리 같은 포유류에 이르기까지 엄청나게 긴 시간이 필요하다. 다윈은 진화에 이렇게 긴 시간이 필요하다는 것을 이미 알고 있었다. 그의 초기 진화론은 당시의 물리학적, 지질학적 이해를 뛰어넘었다. 예컨대 태양이 핵융합에 의해 어떻게 에너지를 생성하는지 이해하기 전, 태양이 불타고 있다고 가정하는 식이었다. 만약 말 그대로 태양이 정말 단순히 연소하고 있는 거라면 수백만 년이 넘는 시간 동안 그것이 가능했을 리 없다. 태양의 에너지를 단순한 연소의 과정으로 본다면 진화의 다양성이 나타나기에는 그 시간이 너무나도 짧다. 그러나 이제는 지구가 45억 년이나 되었고,

생명체는 거의 그 기간만큼 존재해 왔다는 것을 안다.

우리는 진화가 일어나는 '진화의 기간'이 있다고 쉽게 생각한다. 하지만 진화는 항상 일어나는 일이고, 놀랍도록 짧은 기간에 눈에 보이는 결과를 낳을 수 있다. 이것의 좋은 예로 회색가지나방이라고 불리는 곤충에게서 나타나는 공업암화industrial melanism의 과정을 들 수 있다. 유럽에서 흔히 볼 수 있는 이 나방은 이끼가 덮인 나무의 얼룩덜룩한 표면과 잘 섞일 수 있는 색으로 몸을 진화시켰다. 눈에 잘 띄지 않는 나방은 새에게 잡아먹힐 가능성이 낮기 때문이다.

영국의 산업혁명 기간에 나방들이 선호하는 나무껍질은 산업 지역에서 색이 더 어두워졌다. 이것은 그을음 때문이기도 했고, 오염 물질이 이끼를 죽여 아래에 있던 어두운 껍질이 드

러났기 때문이기도 했다. 몇 세대 지나지 않아 나방은 색이 갈수록 어두워졌다. 조금이 아니라 아주 급격하게 어두워진 것이다. 나방은 개체마다 항상 색에 변화가 있었다. 나무껍질이 검은색을 띠는 지역에서는 색이 더 어두운 나방이 포식자로부터 살아남아 번식할 가능성이 더 높았기 때문이었다.

대기 청정법이 도입된 후 공업도시의 건물들은 더욱 깨끗하고 밝아졌는데, 나무도 마찬가지였다. 결과적으로 나방들은 원래의 색으로 되돌아갔다. 이것은 수백만 년이 아니라 수십 년에 걸쳐 일어난 진화였다. 갈라파고스 제도의 다윈 핀치라는 새도 회색가지나방과 비슷한 결과가 관찰되었다. 이곳에서는 날씨와 기후 변화에 따라 다양한 종류의 식물이 무성하게 자란다. 지천으로 널린 씨앗이 크고 단단할 때는 부리가 큰 새들이 잘 자랐고, 폭우가 내려 작은 씨앗이 흔해질 때는 부리가 작은 새들이 점점 늘어났다. 이러한 진화의 과정은 10년도 안 되는 기간 동안 관찰되었다. 진화는 언제나 우리 곁에서 변함없이 일어나고 있다.

과학은 이론을 입증함으로써 작동한다

흔히들 과학자를 '자연의 탐정' 정도로 여긴다. 사람들의 머릿속에 존재하는 과학자는 관찰을 통해 세상에 깊이 파묻힌 진실을 밝혀내고 한낱 이론에 불과하던 것을 증명해 내는 사람일 것이다. 그러나 이러한 이미지는 사실과 다르다. 더군다나 과학에 의존하며 살아가는 현대 사회에서는 과학자의 이런 이미지가 잠재적으로 위험할 수 있다.

과학은 패턴을 발견함으로써 작동한다. 기본적인 패턴 없이 무슨 일이 있을 때마다 우주가 다른 움직임을 보인다면 혼란을 피할 수 없다. 과학은 존재할 수도 없을 것이다. 물론 간단한 과학적 진리를 확립할 수도 있다. 한 상자에 구슬이 다섯 개 들어있다고 할 때, 그 주장이 참인지 거짓인지 입증하기는 쉽다. 하지만 단순히 사물이나 현상에 이름을 붙이는 것 자체로 과학이 진보하지는 않는다. 근본적인 패턴을 찾아낼 수 있어야 한다. 이 경우에는 왜 상자에 구슬이 다섯 개 있느냐를 밝혀야 한다.

하지만 모든 상황에서 일관되게 적용되는 패턴을 입증하기란 여간 어려운 일이 아니다. 예컨대 물체가 중력에 의해 오르막길이 아니라 내리막길에서 구른다는 이론이 있다고 치자. 이 이론이 사실과 들어맞는지 추론하기 위해 우주의 모든 물체를 하나하나 확인할 수는 없는 노릇이다. 이때 과학자들은 사실을 입증하는 연역법이 아니라 귀납법을 사용한다. 귀납법은 물체가 중력의 영향을 받는 언덕에서 구를 때마다, 항상 아래로 굴러왔다는 관찰에 근거한다. 만약 물체가 위로 굴러가는 것처럼 보인다면 착시 현상을 확인해야 한다. 다만, 귀납법으로는 결코 절대적 진리를 확립할 수 없다. 단순히 어떤 이론이 계속해서 지지받는지, 혹은 이 가설에 문제가 있는지 정도만 알아낼 수 있을 뿐이다.

귀납법의 한계를 보여주는 유명한 예시가 있다. '모든 백조는 하얗다'는 이론이다. 백조를 본 적 있는 유럽의 모든 사람은 백조가 희다고 생각했다. 이는 모든 백조가 흰색이라는 이론을 귀납법으로 증명함으로써 가능했다. 호주로 여행을 떠난 누군가가 검은 백조를 보기 전까지는 말이다. 이 시점에서 이론은 수정되어야 했다.

사물이나 현상에 이름을 붙이는 것보다 더욱 복잡한 일을 하는 과학은 근본적인 패턴을 발견하기 위해 노력한다. 과학자는 관찰된 특정 패턴을 설명하고, 미래 패턴을 예측하는 이론이나 모형을 구상해 낼 것이다. 이론은 어떤 일이 왜 일어나고 있는지에 대한 설명이다. 반면, 모형은 우리가 완전히 이해하지 못하는 현실 세계의 현상과 비슷한 결과를 만들어내는 단순화된 메커니즘이다. 역사적으로 보면 모형은 일반적으로 기계적 모형이었고, 지금은 수학적 모형이 주를 이룬다.

이론의 모형이나 예측이 맞아떨어진다면, 해당 이론이나 모형은 계속 지지받을 것이다. 그러나 예측이 빗나간다면 대체되거나 개선되어야 한다. 물론 과학자들도 사람인지라, 자신이 일생을 바쳐 연구한 이론이나 모형이 더 이상 과학적 합의를 못한다 해도 그것을 끝까지 고수할 때가 있다. 하지만 대체로 시간이 지남에 따라 과학적 방법은 기존의 이론과 상반되는 새로운 증거를 성공적으로 받아들인다.

'사물에 이름을 붙이는 것보다 더욱 복잡한 일을 하는 과학'은 진리를 증명하지 않는다. 왜냐하면 그것은 불가능한 일이기 때문이다. 대신 과학자들은 주어진 현재의 데이터로 지금 일어나고 있는 현상에 대한 최선의 이론과 모형을 만들어 낸다. 새로운 데이터가 이론과 다르다고 밝혀지면 우리는 언제라도 관점을 바꿀 준비를 해야 한다.

특정한 혼란은 '이론'이라는 단어를 쓰면서 발생한다. 그래서 창조론을 지지하는 사람들은 진화론을 '그냥 이론'이라고 치부하며 무시하기 일쑤다. '그저 이론'이 창조론에 도전장을 내민다고 느끼기 때문이다. 일반적으로 '이론'은 근거가 빈약하며, 아직 입증되지 않은 것이라고 여겨지니 말이다. 하지만 널리 지지받는 과학적 이론들은 지금까지 최고로 손꼽히는 설명들로, '그저 이론'이 아니라 '위풍당당한 이론'이다.

과학은 우리에게 어마어마하게 많은 혜택을 줬다. 의학에서부터 현대의 전자기기를 생산하는 데 필요한 양자 물리학에 이르기까지. 모든 분야에서 엄청난 발전을 가져왔다. 그리고 우주의 기원을 밝히는 우주론부터 힉스 입자의 추적과 그 이론으로 입자와 질량에 대한 이해를 넓힌 것까지. 큰 그림을 파악하는 능력과 새로운 생각을 우리에게 선사했다. 하지만 과학은 결코 이론이 참임을 증명하는 것이 아니며, 멈추지 않고 발전을 거듭해 나갈 것이다.

산만한 건 설탕을 먹어서 그래
: 과학의 50가지 거짓말

초판인쇄 2023년 10월 31일
초판발행 2023년 10월 31일

지은이 브라이언 클레그
옮긴이 박은진
발행인 채종준

출판총괄 박능원
국제업무 채보라
책임편집 조지원
디자인 서혜선
마케팅 문선영 · 안영은
전자책 정담자리

브랜드 드루
주소 경기도 파주시 회동길 230(문발동)
투고문의 ksibook13@kstudy.com

발행처 한국학술정보(주)
출판신고 2003년 9월 25일 제406-2003-000012호
인쇄 북토리

ISBN 979-11-6983-710-1 03400